［改訂3版］

演習で学ぶ ソフトウェアテスト

牛

JSTQB認定テス

寛＝著

技術評論社

はじめに

本書は、グローバルで通用するソフトウェアテストについて学びたい人、JSTQB認定テスト技術者資格 Foundation Level試験の受験者のための学習書です。開発の現場で起こるミスコミュニケーションを軽減するために、テスト技術者だけでなく、プロジェクトマネージャー、要件定義者、設計担当者、プログラマーなどのプロジェクトメンバー、さらにはプロジェクトを統括するPMOや管理職者まで、プロジェクトに関与するすべての人に必要なテストに関する用語や知的技能（考えて解く力）が、演習とその解説を通して学べるように構成されています。

また、JSTQBのシラバスが参考として挙げている国際規格をコラムで紹介しています。実際の試験の出題範囲ではありませんが、理解を深めるのに役立つはずです。

- ISO/IEC 20246:2017, Software and systems engineering - Work product reviews
- ISO/IEC 25010:2011, Systems and software engineering - Systems and software Quality Requirements and Evaluation (SQuaRE) - System and software quality models
- ISO/IEC/IEEE 29119-3:2013, Software and systems engineering - Software testing - Part 3:Test documentation

グローバルなテスト技術者になるために

各用語には英語名を併記しています。せっかくソフトウェアテストについてのグローバルな知識を習得する機会ですので、ぜひ英語名にも目を向けてみてください。国内でも英語名をそのまま使うプロジェクトもありますし、海外のWebサイトでさらに学びを深めたり、海外のエンジニアとコミュニケーションしたりするのに役に立つはずです。

JSTQBの概要

ISTQB（International Software Testing Qualifications Board）は、ソフト

ウェアテストの国際的な資格認定団体です。イギリス、ドイツ、米国など世界50カ国以上が加盟しています。日本ではJSTQB（Japan Software Testing Qualifications Board）がISTQBと相互認証を行い、日本科学技術連盟をパートナーとして JSTQBテスト技術者資格認定試験を開催し、10年以上の開催実績があります。

昨今の開発プロジェクトでは、国内の協力会社だけでなく、さまざまな国とのオフショア開発も珍しくありません。そのような開発の現場では属人的や自社独自のソフトウェアテストの用語や知識では不十分で、ISTQBのような国際的に通用する用語を使い、コミュニケーションできる知的技能が必要です。

認定試験の最初のレベルであるFoundation Level試験は、開発の現場で必要とされる最低限の用語や知的技能についての知識を問うもので、試験形式は次のとおりです。

- 4つの選択肢から正解を選ぶ選択式の問題
- 試験時間は60分、出題数は40問
- 合格ラインは60%（25問以上正解）
- 出題範囲はISTQBテスト技術者資格制度Foundation Levelシラバス日本語版に準拠

出題には3つのレベルがあります

- K1：記憶

用語または概念を認識し、記憶して、想起することができる。

- K2：理解

トピックに関連する記述の理由または説明を選択することができ、テストの概念に関して要約、比較、分類、類別、例示を行うことができる。

- K3：適用

概念または技法を正しく選択することができ、それを特定の事例に適用することができる。

認定試験のシラバス日本語版は、JSTQBのWebサイト（URL http://www.jstqb.jp/）から無料でダウンロードできますので、最新のバージョンのシラバスを入手して本書の補足資料としてご活用ください。用語集についてはISTQBが日本語訳をWebサイト（URL https://glossary.istqb.org/jp/search）

で公開しています。

出題は、K1レベルであれば単純に用語を丸暗記しただけで解けるものもありますが、K2やK3レベルは関連する用語同士の関係、ある開発シーンで合致する記述はどれか、誤っているテストの進め方はどれかといった深い理解や洞察が必要なものもあります。

なお、シラバスの各章に記載されている「FL-X.X.X」で分類されている学習課題とレベルは、本書の各問題の右上に示しています。また、シラバスから引用している部分は斜体表記で示しています。

本書の使い方

本書を次のように活用していただくと効果的です。

①事前テストとして、各章の演習問題を解きます。まったくわからない問題は、飛ばしてください。カンではなく自分の経験や知識から推測できるものは推測で答えても結構です。ソフトウェアテストでも経験や知識から推測するというのは大事なスキルです。
②各章の解説、シラバスと用語集、シラバスの参考文献などで、不正解やわからなかった演習問題の学習領域について理解を深めます。理解しているところは飛ばして結構です。
③事後テストとして、①へ戻り各章の演習問題で理解度を確認します。
④最後に第7章の演習問題で点検します。

本書の演習問題は知識の基礎固めを目指し、実際の試験で出題されるK2レベルやK3レベルで求められる複数選択や読解力を必要とする問題よりもやさしくしています。受験する人は、まず本書の演習問題で高得点がだせるよう目指し、必要に応じて書籍や受験参考書をご活用ください。

● 謝辞

本書の執筆にあたり、シラバス日本語版の利用を快諾くださったJSTQB様に感謝いたします。また、出版にあたりご尽力いただきました技術評論社様に深くお礼申し上げます。

目次

はじめに　3

第1章　テストの基礎 …… 9

1.1：問題 …… 10
1.2：解答 …… 27
1.3：解説 …… 29
テストの用語 …… 29
テストとは何か？ …… 34
テストの必要性 …… 34
テストの7原則 …… 36
テストプロセス …… 38
テストの心理学 …… 46
1.4：要点整理 …… 47

コラム テストドキュメントの国際規格 ISO/IEC/IEEE 29119-3 Part1 …… 51
ISO/IEC/IEEE 29119-3で定義しているドキュメント …… 51

第2章　ソフトウェア開発ライフサイクル全体を通してのテスト …… 55

2.1：問題 …… 56
2.2：解答 …… 68
2.3：解説 …… 70
ソフトウェア開発ライフサイクルモデル …… 70
テストレベル …… 77
テストタイプ …… 85
メンテナンス（保守）テスト …… 88
2.4：要点整理 …… 89

コラム ソフトウェアの品質の国際規格 ISO/IEC 25010 …… 92
利用時の品質 …… 92
外部品質と内部品質 …… 95

第3章　静的テスト …… 101

3.1：問題 …… 102
3.2：解答 …… 111
3.3：解説 …… 112
静的テストの基本 …… 112
レビュープロセス …… 114
形式的レビューでの役割と責務 …… 115
レビュータイプ …… 117
レビュー技法の適用 …… 120
レビューの成功要因 …… 122
3.4：要点整理 …… 125

コラム 作業成果物レビューの国際規格 ISO/IEC 20246 …… 129

レビュープロセス …… 129
役割 …… 129
レビュータイプ …… 130
レビュー技法 …… 131

第4章　テスト技法 …… 133

4.1：問題 …… 134
4.2：解答 …… 140
4.3：解説 …… 141
テスト技法のカテゴリ …… 141
ブラックボックステスト技法 …… 144
ホワイトボックステスト技法 …… 153
経験ベースのテスト技法 …… 155
4.4：要点整理 …… 157

第5章　テストマネジメント …… 161

5.1：問題 …… 162
5.2：解答 …… 173
5.3：解説 …… 175
テスト組織 …… 175
テストの計画と見積り …… 179
テスト戦略とテストアプローチ …… 181

開始基準と終了基準（準備完了（ready）の定義と完了（done）の定義）……184
テスト実行スケジュール……187
テスト工数に影響する要因……187
テスト見積りの技術……188
テストのモニタリングとコントロール……190
テストレポートの目的、内容、読み手……191
構成管理……193
リスクとテスト……194
欠陥マネジメント……199
5.4：要点整理……202

コラム テストドキュメントの国際規格 ISO/IEC/IEEE 29119-3 Part2……205
テスト計画書……205
テスト進捗レポート……208
テスト完了レポート……209
インシデントレポート……210

第6章　テスト支援ツール……213
6.1：問題……214
6.2：解答……222
6.3：解説……223
テストツールの考慮事項……223
テスト自動化の利点とリスク……227
テスト実行ツールとテストマネジメントツールの特別な考慮事項……229
ツールの効果的な使い方……231
6.4：要点整理……233

第7章　練習問題……235
7.1：問題……236
7.2：解答……251

参考資料　253
索引　254

第 1 章

テストの基礎

プロジェクトで「さぁ、これからテストするぞ！」というときに、何に対して、何を基準に、何を使って、何を検出するテストなのか？ といったことをプロジェクトメンバーと正しくコミュニケーションする必要があります。そのためには“テスト技術者の日常会話”のシーンで共通の用語が必要ですし、ソフトウェア開発におけるテストの目的や活動について、メンバー共通の理解も必要です。

本章ではテスト技術者の日常会話に必要な基礎用語、テストの必要性、テストで陥りがちな誤解や失敗をしないための“テストの7原則”、テストプロセス、テストでの心構えとも言える心理について理解していきます。

1.1 問題

※解答は27ページ、解説は29ページ

問題1-1

キーワード K1

テスト対象の説明として最も適切なのは？

- □ (1) 系統的にまとめ、管理していくテストの活動のグループ
- □ (2) コンポーネントやシステムのある特性に対応したテストの目的を基にテスト活動をまとめたもの
- □ (3) テストすべきコンポーネントまたはシステム
- □ (4) テストを実施する個々の要素

問題1-2

キーワード K1

テストアイテムの説明として最も適切なのは？

- □ (1) 系統的にまとめ、管理していくテストの活動のグループ
- □ (2) コンポーネントやシステムのある特性に対応したテストの目的を基にテスト活動をまとめたもの
- □ (3) テストすべきコンポーネントまたはシステム
- □ (4) テストを実施する個々の要素

問題1-3

キーワード K1

テストベースの説明として最も適切なのは？

- □ (1) コンポーネント要件やシステム要件を推測できるすべてのドキュメント
- □ (2) テストの実行に必要なハードウェア、シミュレータ、ソフトウェア

ツールなど

□ (3) テスト実行に必要なスタブやドライバからなるテスト環境

□ (4) テスト対象のソフトウェアの実行結果と比較する期待結果のソース

問題1-4

キーワード K1

テストケースの説明として最も適切なのは？

□ (1) コンポーネント要件やシステム要件を推測できるすべてのドキュメント

□ (2) テストの実行に必要なハードウェア、シミュレータ、ソフトウェアツールなど

□ (3) テストプロセスを通じて作成される、テストの計画、設計、実行に不可欠なもの

□ (4) 特定の要件を検証するための入力値、実行事前条件、期待結果、実行事後条件のセット

問題1-5

キーワード K1

テストアイテム、テストベース、テスト条件、テスト対象の関係の説明として最も適切なのは？

□ (1) テストケースとテスト対象から、テストベースとテストアイテムを識別し、テスト条件を設計する

□ (2) テスト条件とテストケースから、テスト対象とテストベースを識別し、テストアイテムを設計する

□ (3) テストアイテムとテスト条件から、テストケースとテスト対象を識別し、テストベースを設計する

□ (4) テスト対象とテストベースから、テストアイテムとテスト条件を識別し、テストケースを設計する

問題1-6

キーワード K1

テストスイートの説明として最も適切なのは？

- □ (1) テストの実行に必要なハードウェア、シミュレータ、ソフトウェアツールなど
- □ (2) テスト対象のコンポーネントまたはシステムのためのいくつかのテストケースのセット
- □ (3) テストプロセスを通じて作成される、テストの計画、設計、実行に不可欠なもの
- □ (4) 特定の要件を検証するための入力値、実行事前条件、期待結果、そして、実行事後条件のセット

問題1-7

キーワード K1

テスト環境の説明として最も適切なのは？

- □ (1) コンポーネント要件やシステム要件を推測できるすべてのドキュメント
- □ (2) テストの実行に必要なハードウェア、シミュレータ、ソフトウェアツールなど
- □ (3) テスト対象のソフトウェアの実行結果と比較する期待結果のソース
- □ (4) テスト対象のコンポーネントまたはシステムのためのいくつかのテストケースのセット

問題1-8

キーワード K1

テストハーネスの説明として最も適切なのは？

- □ (1) コンポーネント要件やシステム要件を推測できるすべてのドキュメント
- □ (2) テスト実行に必要なスタブやドライバからなるテスト環境

☐ (3) テスト対象のソフトウェアの実行結果と比較する期待結果のソース
☐ (4) テスト対象のコンポーネントまたはシステムのためのいくつかのテストケースのセット

問題1-9

キーワード K1

テストウェアの説明として最も適切なのは？

☐ (1) コンポーネント要件やシステム要件を推測できるすべてのドキュメント
☐ (2) テストの実行に必要なハードウェア、シミュレータ、ソフトウェアツールなど
☐ (3) テスト対象のコンポーネントまたはシステムのためのいくつかのテストケースのセット
☐ (4) テストプロセスを通じて作成される、テストの計画、設計、実行に不可欠なもの

問題1-10

キーワード K1

テストオラクルの説明として最も適切なのは？

☐ (1) コンポーネント要件やシステム要件を推測できるすべてのドキュメント
☐ (2) テストの実行に必要なハードウェア、シミュレータ、ソフトウェアツールなど
☐ (3) テスト実行に必要なスタブやドライバからなるテスト環境
☐ (4) テスト対象のソフトウェアの実行結果と比較する期待結果のソース

問題1-11

キーワード K1

テストレベルの説明として最も適切なのは？

- □ (1) テストすべきコンポーネントまたはシステム
- □ (2) コンポーネントやシステムのある特性に対応したテストの目的を基にテスト活動をまとめたもの
- □ (3) 系統的にまとめ、管理していくテストの活動のグループ
- □ (4) テストを実施する個々の要素

問題1-12

キーワード K1

テストタイプの説明として最も適切なのは？

- □ (1) テストすべきコンポーネントまたはシステム
- □ (2) コンポーネントやシステムのある特性に対応したテストの目的を基にテスト活動をまとめたもの
- □ (3) 系統的にまとめ、管理していくテストの活動のグループ
- □ (4) テストを実施する個々の要素

問題1-13

FL-1.1.1 K1

テストの目的ではないものは？

- □ (1) ステークホルダーが意志決定できる品質についての情報を提供する
- □ (2) ソフトウェア品質のリスクを低減する
- □ (3) 契約上、法律上、または規制上の要件や標準を準拠していることを検証する
- □ (4) ソフトウェアの欠陥を取り除く

問題1-14

FL-1.1.2 K2

デバッグではなくテストの活動は？

□ (1) ソフトウェアに存在する故障を見つける
□ (2) ソフトウェアの故障の基になっている欠陥を見つける
□ (3) ソフトウェアの欠陥を分析する
□ (4) ソフトウェアの欠陥を取り除く

問題1-15

FL-1.2.1 K2

テストがソフトウェア開発に貢献する活動として不十分なものは？

□ (1) テスト担当者が要件レビューに関与することにより、作業成果物の欠陥を除去する
□ (2) 設計時にテスト担当者が設計者と密接に連携し、設計の欠陥を除去し、テストケースを早い段階で識別する
□ (3) リリース前にテスト担当者がテストで検証をすることにより、ステークホルダーのニーズや要件を満たさない欠陥を除去する
□ (4) コーディング時にテスト担当者が開発担当者と密接に連携し、コードとテストケースの欠陥を除去する

問題1-16

FL-1.2.2 K2

品質に関する説明で適切ではないものは？

□ (1) 品質マネジメントは、品質保証と品質コントロールの両方を含む
□ (2) 品質コントロールには、適切な品質レベルを達成するためのさまざまな活動が含まれる

☐ (3) 品質保証には、プロセス全体を適切に実行することに関係している
☐ (4) 品質保証は、テスト活動を含む

問題1-17

FL-1.2.3 K2

エラーとは？

☐ (1) 例えば、誤ったステートメントやデータ定義
☐ (2) 間違った結果を生み出す人間の行為
☐ (3) コンポーネントやシステムが、期待した機能、サービス、結果から逸脱すること
☐ (4) 発生した事象の中で、調査が必要なもの

問題1-18

FL-1.2.3 K2

欠陥とは？

☐ (1) 例えば、誤ったステートメントやデータ定義
☐ (2) 間違った結果を生み出す人間の行為
☐ (3) コンポーネントやシステムが、期待した機能、サービス、結果から逸脱すること
☐ (4) 発生した事象の中で、調査が必要なもの

問題1-19

FL-1.2.3 K2

故障とは？

☐ (1) 例えば、誤ったステートメントやデータ定義
☐ (2) 間違った結果を生み出す人間の行為

□ (3) コンポーネントやシステムが、期待した機能、サービス、結果から逸脱すること

□ (4) 発生した事象の中で、調査が必要なもの

問題1-20

FL-1.2.4 K2

次の例で欠陥の根本原因と影響は？

「プロダクトオーナーと開発担当者のコミュニケーション不足で誤った設計をした。その設計から誤ったコードとして欠陥がソフトウェアに埋め込まれた。欠陥は計算誤りなどの故障として顕在化しユーザーの不満となった。」

□ (1) 根本原因はプロダクトオーナーの知識不足、影響はユーザーの不満

□ (2) 根本原因はプロダクトオーナーと開発担当者のコミュニケーション不足、影響はユーザーの不満

□ (3) 根本原因は誤った設計、影響は誤ったコード

□ (4) 根本原因は開発担当者の知識不足、影響は計算誤りなどの故障

問題1-21

FL-1.3.1 K2

テストの7原則として最も適切なのは？

□ (1) テストは欠陥がないことしか示せない

□ (2) テストは故障があることしか示せない

□ (3) テストは欠陥があることしか示せない

□ (4) テストは故障がないことしか示せない

問題 1-22

FL-1.3.1 K2

テストの7原則として最も適切なのは？

- □ (1) 全数テストは可能である
- □ (2) 不完全なテストはやるだけ無駄である
- □ (3) 全数テストは不可能である
- □ (4) 不完全なテストでも意味がある

問題 1-23

FL-1.3.1 K2

テストの7原則として最も適切なのは？

- □ (1) 静的テストと動的テストの両方をソフトウェア開発ライフサイクルのなるべく早い時期に開始すべき
- □ (2) 静的テストをソフトウェア開発ライフサイクルのなるべく早い時期に開始すべき
- □ (3) 動的テストをソフトウェア開発ライフサイクルのなるべく早い時期に開始すべき
- □ (4) 静的テストと動的テストの両方をソフトウェア開発ライフサイクルのなるべく遅い時期に開始すべき

問題 1-24

FL-1.3.1 K2

テストの7原則として正しい組み合わせは？

a. 欠陥はソフトウェア全体に均等に存在するのでテストの労力は分散させるべき

b. 欠陥や故障の大部分は、特定の少数モジュールに集中する

c. テストや運用での観察結果に基づいてリスク分析を行うことでテストの労力を集中させることができる

d. 入力と事前条件のすべての組み合わせをテストするとよい

□ (1) aとd
□ (2) bとc
□ (3) bとd
□ (4) すべて

問題1-25

FL-1.3.1 K2

テストの7原則として間違っているものは？

□ (1) 同じテストを何度も繰り返すと、最終的にはそのテストでは新たな欠陥を見つけられなくなる
□ (2) テストやテストデータを定期的に見直して、改定したり追加する必要がある
□ (3) 自動化されたリグレッションテストで、リグレッションが低減していることを示すことができる
□ (4) 同じテストを繰り返すと効果がなくなるので、一度実施したテストは何度もやらなくてよい

問題1-26

FL-1.3.1 K2

テストの7原則として間違っているものは？

□ (1) どのようなソフトウェアであっても、テストに違いはない
□ (2) ソフトウェア開発ライフサイクルモデルが異なると、テストの実行方法は異なる
□ (3) 安全性が重要なソフトウェアのテストと、eコマースモバイルアプリケーションのテストは異なる
□ (4) アジャイル開発とウォーターフォール開発では、テストの実行方法

は異なる

問題 1-27

FL-1.3.1 K2

テストの7原則として間違っているものは？

- □ (1) バグがゼロでも見つかっていないバグがある可能性がある
- □ (2) バグがゼロでもユーザーに期待されるシステムではない可能性がある
- □ (3) バグがゼロになるまでテストしたのでバグはない
- □ (4) バグがゼロでも競合製品に劣るシステムである可能性がある

問題 1-28

FL-1.4.1 K2

組織のテストプロセスに影響する状況の例として間違っているものは？

- □ (1) ソフトウェア開発ライフサイクルモデルとプロジェクト方法論
- □ (2) テストレベルとテストタイプ
- □ (3) プロダクトとプロジェクトのリスク
- □ (4) 全数テストの実施

問題 1-29

FL-1.4.2 K2

テストプロセスのテスト計画で行われる活動は？

- □ (1) テスト計画書の内容と実際の進捗を継続的に比較する
- □ (2) テストレベルごとに適切なテストベースを分析する
- □ (3) テストの目的と適切なテスト技法とタスクを明らかにする
- □ (4) テストケースを設計し、優先度を割り当てる

問題1-30

FL-1.4.2 K2

テストプロセスのモニタリングとコントロールで行われる活動は？

- □ (1) テスト計画書の内容と実際の進捗を継続的に比較する
- □ (2) テストレベルごとに適切なテストベースを分析する
- □ (3) テストの目的と適切なテスト技法とタスクを明らかにする
- □ (4) テストケースを設計し、優先度を割り当てる

問題1-31

FL-1.4.2 K2

テストプロセスのテスト分析で行われる活動は？

- □ (1) テスト計画書の内容と実際の進捗を継続的に比較する
- □ (2) テストレベルごとに適切なテストベースを識別する
- □ (3) テストケースを設計し、優先度を割り当てる
- □ (4) テスト手順や自動化のテストスクリプトを開発して優先度を割り当てる

問題1-32

FL-1.4.2 K2

テストプロセスのテスト設計で行われる活動は？

- □ (1) テストベースとテストアイテムを評価して、さまざまな種類の欠陥を識別する
- □ (2) テスト条件とテストケースを支援するために必要なテストデータを識別する
- □ (3) テスト実行スケジュール内で効率的にテスト実行ができるように、テストスイートを調整する
- □ (4) テストサマリーレポートを作成して、ステークホルダーに提出する

問題1-33

FL-1.4.2 K2

テストプロセスのテスト実装で行われる活動は？

□ (1) テストベースとテストアイテムを評価して、さまざまな種類の欠陥を識別する
□ (2) テスト条件とテストケースを支援するために必要なテストデータを識別する
□ (3) テスト実行スケジュール内で効率的にテスト実行ができるように、テストスイートを調整する
□ (4) テストサマリーレポートを作成して、ステークホルダーに提出する

問題1-34

FL-1.4.2 K2

テストプロセスのテスト実行で行われる活動は？

□ (1) テストすべきフィーチャーを識別する
□ (2) テスト環境を設計し、必要なインフラストラクチャーやツールを識別する
□ (3) テスト環境を構築し、必要なものすべてが正しくセットアップされていることを確認する
□ (4) 不正を分析して、可能性のある原因を特定する

問題1-35

FL-1.4.2 K2

テストプロセスのテスト完了で行われる活動は？

□ (1) テストすべきフィーチャーを識別する
□ (2) テスト計画書の目的に合致させるために対策を講じる
□ (3) テストウェアを次回も使えるように整理し保管する

□ (4) 不正を分析して、可能性のある原因を特定する

問題1-36

FL-1.4.3 K2

テスト計画の作業成果物またはその内容として最も適切なのは？

□ (1) さまざまな種類のテストレポート
□ (2) 優先順位を付けたテスト条件
□ (3) テスト条件を実行するためのテストケースとテストケースのセット
□ (4) テストベースに関する情報

問題1-37

FL-1.4.3 K2

テストのモニタリングとコントロールの作業成果物またはその内容として最も適切なのは？

□ (1) テストベースに関する情報
□ (2) テスト進捗レポートとテストサマリーレポート
□ (3) 優先順位を付けたテスト条件
□ (4) テスト条件を実行するためのテストケースとテストケースのセット

問題1-38

FL-1.4.3 K2

テスト分析の作業成果物またはその内容として最も適切なのは？

□ (1) テスト手順とそれらの順序付け
□ (2) テスト進捗レポートとテストサマリーレポート
□ (3) 優先順位を付けたテスト条件
□ (4) テスト条件を実行するためのテストケースとテストケースのセット

問題 1-39

FL-1.4.3 K2

テスト設計の作業成果物または内容として最も適切なのは？

- □ (1) 探索的テストを行う場合のテストチャーター
- □ (2) 具体的な入力データと期待結果の値を記載しない高位レベルテストケース
- □ (3) テストスイート
- □ (4) 欠陥レポート

問題 1-40

FL-1.4.3 K2

テスト実装の作業成果物または内容として最も適切なのは？

- □ (1) 探索的テストを行う場合のテストチャーター
- □ (2) 具体的な入力データと期待結果の値を記載しない高位レベルテストケース
- □ (3) テストスイート
- □ (4) 欠陥レポート

問題 1-41

FL-1.4.3 K2

テスト実行の作業成果物または内容として最も適切なのは？

- □ (1) 探索的テストを行う場合のテストチャーター
- □ (2) 具体的な入力データと期待結果の値を記載しない高位レベルテストケース
- □ (3) テストスイート
- □ (4) 欠陥レポート

問題1-42

FL-1.4.3 K2

テスト完了の作業成果物または内容として最も適切なのは？

- □ (1) 変更要求またはプロダクトバックログアイテム
- □ (2) トレーサビリティに関する情報やテストの終了基準
- □ (3) テスト実行結果の要約を含むテスト進捗についての詳細情報
- □ (4) 欠陥レポート

問題1-43

FL-1.4.4 K2

テストベースとテストの作業成果物との間のトレーサビリティの維持が役立つ例として最も関係しないものは？

- □ (1) テストカバレッジの評価
- □ (2) 変更の影響度を分析すること
- □ (3) 全数テストを可能にすること
- □ (4) テストを監査可能にすること

問題1-44

FL-1.5.1 K1

開発担当者がテストに抱く確証バイアスの例として最も適切なものは？

- □ (1) テスト担当者が欠陥や故障を見つけることは、開発担当者に対する非難と解釈する
- □ (2) 開発担当者は自分の書いたコードが正しくないということを受け入れがたい
- □ (3) テストからの情報は悪いニュースが多く、悪いニュースをもたらす人を非難する
- □ (4) テストは、プロジェクトの破壊的な活動と見る

問題1-45

FL-1.5.2 K2

テスト担当者よりも開発担当者のマインドセットを最も表しているのは？

□ (1) 好奇心、プロとしての悲観的な考え、批判的な視点、細部まで見逃さない注意力

□ (2) 良好で建設的なコミュニケーションと関係を保つモチベーション

□ (3) 経験を積むにしたがって成長し成熟する傾向がある

□ (4) 解決策である設計と構築に大きな関心があり、解決策に誤りがあるかには関心があまりない

1.2 解答

問題	解答	説明
1-1	3	テスト対象とは、テストすべきコンポーネントまたはシステムのことです。
1-2	4	通常、1つのテスト対象に対し、1つ以上のテストアイテムがあります。
1-3	1	テストベースは、テストケースを作成する基となります。
1-4	4	テスト条件に基づき開発された実行事前条件、入力値、期待結果、実行事後条件のセットです。
1-5	4	テスト対象とテストベースから、テストアイテムとテスト条件を識別し、テストケースを設計します。
1-6	2	テストスイートに含まれるテストケースの実行事後条件は、次のテストケースの実行事前条件になるように構成することがあります。
1-7	2	テスト環境は、テストの実行に必要なハードウェア、シミュレータ、ソフトウェアツールなどの環境です。
1-8	2	テストハーネスは、テスト環境の一部でスタブとドライバで構成されます。
1-9	4	テストウェアには、ドキュメント、スクリプト、入力データ、期待結果、セットアップとクリーンアップの処理手順、ファイル、データベース、環境、テストツールなどが含まれます。
1-10	4	テストオラクルは、期待結果が得られるもので、実在するシステム、他のソフトウェア、ユーザーマニュアルなどがあります。
1-11	3	テストレベルには、コンポーネントテスト、統合テスト、システムテスト、受け入れテストがあります。
1-12	2	テストタイプには、機能テスト、非機能テスト、ホワイトボックステスト、変更部分のテストがあります。
1-13	4	欠陥を取り除くのはデバッグの活動です。
1-14	1	ソフトウェアに存在する故障を見つけるのはテストの活動です。
1-15	3	ステークホルダーのニーズに合致し、要件が満たすためには検証だけでは不十分で、検証と妥当性確認がテストに含まれます。
1-16	4	テスト活動は品質コントロールに含まれ、品質保証は適切なテストを支援します。
1-17	2	JSTQBのシラバスで単にエラーと呼ぶものはプログラムの実行エラーではなく誤った人間の行為を指します。
1-18	1	用語集ではバグ、欠陥、フォールトは同義とされています。
1-19	3	故障とは、期待結果と異なる結果になることです。
1-20	2	欠陥の根本原因とは、欠陥を埋め込んだ最初の行為または条件のことです。
1-21	3	テストの原則1：テストは欠陥があることは示せるが、欠陥がないことは示せない
1-22	3	テストの原則2：全数テストは不可能
1-23	1	テストの原則3：早期テストで時間とコストを節約

問題	解答	説明
1-24	**2**	テストの原則4：欠陥の偏在
1-25	**4**	テストの原則5：殺虫剤のパラドックスにご用心
1-26	**1**	テストの原則6：テストは状況次第
1-27	**3**	テストの原則7：「バグゼロ」の落とし穴
1-28	**4**	テストの原則の通り、テストを取り巻く状況にかかわらず全数テストは不可能です。
1-29	**3**	テスト計画では、テストの目的、テストアプローチ、タスク、スケジュールを策定します。
1-30	**1**	モニタリングとコントロールでは、テスト計画書の内容と実際の進捗を継続的に比較します。
1-31	**2**	テスト分析では、テストレベルごとに適切なテストベースを識別します。
1-32	**2**	テスト設計では、テスト条件とテストケースを支援するために必要なテストデータを識別します。
1-33	**3**	テスト実装では、テスト実行スケジュール内で効率的にテスト実行ができるように、テストスイートを調整します。
1-34	**4**	テスト実行では、テストケースを実行し、検出された不正を分析して、可能性のある原因を特定します。
1-35	**3**	テスト完了では、テストウェアを次回も使えるように整理し保管します。
1-36	**4**	テスト計画の作業成果物には、テストベースに関する情報が含まれます。
1-37	**2**	モニタリングとコントロールの作業成果物には、テスト進捗レポートとテストサマリーレポートが含まれます。
1-38	**3**	テスト分析の作業成果物には、優先順位を付けたテスト条件が含まれます。
1-39	**2**	テスト設計の作業成果物には、具体的な入力データと期待結果の値を記載しない高位レベルテストケースが含まれます。
1-40	**3**	テスト実装の作業成果物には、テストスイートが含まれます。
1-41	**4**	テスト実行の作業成果物には、欠陥レポートが含まれます。
1-42	**1**	テスト完了の作業成果物には、変更要求またはプロダクトバックログアイテムが含まれます。
1-43	**3**	テストの原則：全数テストは不可能に対して、トレーサビリティは貢献しません。
1-44	**2**	開発担当者の代表的な認知バイアスは確証バイアスです。
1-45	**4**	開発担当者は、解決策である設計と構築に大きな関心があり、解決策に誤りがあるかには関心があまりない傾向があります。

1.3 解説

テストの用語

テストには、“テスト○○”の用語がたくさんあり混同しがちです。ここでは特に基礎的なものについて解説します。ここに挙げる以外にもテスト担当者が知っておくべき“テスト○○”や“○○テスト”という用語がありますが、それらは他章で解説していきます。本章で取り上げる用語の関係は、**図1-1**～**図1-3**に示しています。

● **テスト対象**（Test Object）、**テストアイテム**（Test Item）

【問題1-1、1-2】

テスト対象は、「テストすべきコンポーネントまたはシステム」と定義されており、コンポーネントかシステムかはどのようなテストをするのかによって変わります。テスト対象をテストする単位に分けたものをテストアイテムと呼びます。1つのテスト対象に対して、1つ以上のテストアイテムが対応します。テストアイテムという数えられる単位により、テスト対象の規模を知ることができます。

● **テストベース**（Test Basis）、**テスト条件**（Test Condition）

【問題1-3、1-5】

テストベースのベース（Basis）は、日常で別のドキュメントから新たなドキュメントを作成するときなどに“流用した”という意味で使うベース

図1-1：テスト対象、テストアイテム、テストベース、テスト条件

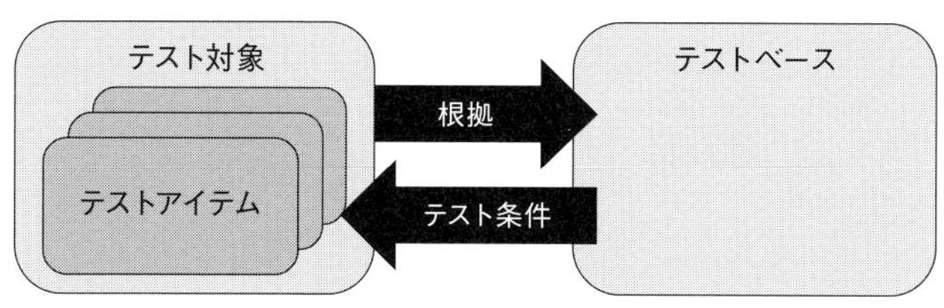

（Base）とは異なり、根拠という意味です。したがって新たなテストケースを作成するときに流用した既存のテストケースではなく、そのテストケースの根拠となる要件定義書や設計書などが該当します。基本的にはテストケースには必ず対応するテストベースとテスト条件があり、テストケースに記載される入力値、実行事前条件、期待結果、実行事後条件は、テストベースのテスト条件に基づいて説明できる必要があります。テスト条件（Test Condition）とは、テストを実行するときの実行事前条件や実行事後条件ではなく、テストベースに定義されているテスト可能なものを指します。

テストベースがあることにより、テストを実行して期待結果になると“テストアイテムが要件通りに作られている”という判定ができます。テストベースは、このようにテストケースの合否判定の正当性を証明する大事なものなので、プロジェクトによっては気安く書き換えることはできません。例えば要件定義書であれば、変更要求を起票して、それが承認されたら要件定義書を修正し、要件定義書のレビューをしてというような公式な変更手順を経ないと改訂ができない場合もあります。そのようなテストベースは「凍結テストベース」と呼びます。

●テストケース（Test Case）　【問題1-4】

テストアイテムに対して1つ以上のテストケースを作成します。テストケースには、テストアイテムの何をテストするのか、つまり特定の目的やテスト条件により、テストアイテムへの入力値、テストの実行前の条件（実行事前条件）、期待結果、実行後の条件（実行事後条件）を定義します。テストを実行する際は、テストケースで定義されている入力値と実行事前条件で実行し、期待結果と実行事後条件になっていればそのテストは合格ということになります。

テストアイテムにテストすべき目的やテスト条件が複数あると、それに応じてテストケースが必要になります。例えば電卓をテストアイテムとすると、機能だけで少なくとも四則演算（+、−、×、÷）の4つのテストケースが必要で、単純な加算を確認することを目的とするテストケースであれば、実行事前条件が“キー入力待ち状態”、入力値として“1”“+”“2”“=”、期待結果が“3を表示”、実行事後条件が“キー入力待ち状態”となります。テストケースはシステムやコンポーネントなどまとまりの単位で階層的に管理されることもあります。

テストアイテム数がテスト対象の規模を知ることができるのに対して、テストケース数によってテストの実行の規模を知ることができます。テストアイテム数が少ないからと言ってテストケース数が少ないわけではないし、テストアイテム数が多いからといってテストケース数も多いわけではないことに注意してください。

● テストスイート（Test Suite）　【問題1-6】

テストケースの説明で、テスト対象に対して1つ以上のテストケースを作成すると述べましたが、1つのテスト対象に多数のテストケースを作成する必要が生じると、テスト対象や類似するテストケースの種類にまとめてテストケースの塊として作成し管理する方が合理的です。そのテストケースの塊をテストスイートと呼びます。

特に、あるテストケースの実行事後条件が、次のテストケースの実行事前条件になっていると、別々に実行事前条件を用意せずに連続してテストができる塊としてまとめてテストを実行できるので効率的に行えます。

● テスト環境（Test Environment）　【問題1-7】

テストアイテムを動かす環境をテスト環境と呼びます。テスト環境は、テストケースに記載されている実行事前条件で入力値を入力することができ、テストケースを実行した後に期待結果と実行事後条件を確認できる必要がありま

○図1-2：テストケース、テストスイート、テスト環境、テストウェアなど

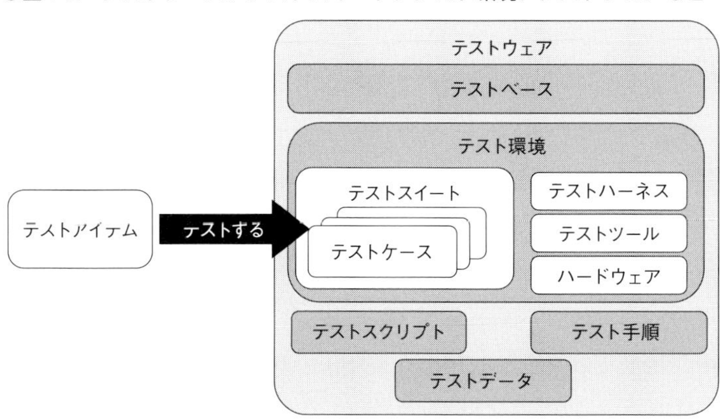

す。注意点は、テストアイテムは含まれないことです。テストアイテムとテスト環境の区別がついていないテスト担当者が、テストの実行事前条件や入力値を再現するために、テストアイテムであるコードをいじってしまうということがあるのですが、テストのために改変した時点でそのテストアイテムだったコードはテストアイテムではなくなっているのでテストしたと言えません。さらに改変したコードのままリリースされてしまうというリスクがあります。

● テストハーネス（Test Harness） 【問題1-8】

テストハーネスはテスト環境の一部で、スタブとドライバで構成されます。スタブとはテストアイテムであるコンポーネントから呼び出されるコンポーネント、ドライバとはテストアイテムであるコンポーネントを呼び出すコンポーネントです。テストハーネスが用意できると、テストアイテムを呼び出すコンポーネントや呼び出されるコンポーネントが完成していなくてもテストができるのがメリットです。一方で、すべてのテストアイテムにテストハーネスを用意するのはテストハーネスを作る工数がかかりますので必要に応じて用意するのが一般的です。

● テストウェア（Testware） 【問題1-9】

テストベース、テストケース、テスト環境に加えて入力データやデータベースなどのデータ、セットアップなどに使うスクリプト、テスト環境を使う手順などテストを実行するのに必要な一式を作り捨てではなく保管しておくと、テストの計画、設計、実行といった活動が効率的に行えます。例えば後日、同じテストを別の場所、別の人がもう一度テストするようなケースでは、作り捨てよりもスムーズに行えます。

● テストオラクル（Test Oracle） 【問題1-10】

オラクルとは“神の言葉”という意味を持ちますが、テストオラクルはテストケースの期待結果（＝神の言葉）を返すものを指し、システム再構築プロジェクトで既存システムを新システムと並行稼働させて結果を比較するようなケースでは、既存システムがテストオラクルだと言えます。とはいえ、新システムのテストで比較していたら既存システムのバグが見つかったということもあるので、テストオラクルの信頼性や間違っているリスクも考慮する必要があります。既存システム以外に、既存のユーザーマニュアルなどもテストオラクルになります。

●テストレベル（Test Lebel）　【問題1-11】

システムは階層化されたコンポーネントで構成されています。最小のコンポーネントであるプログラミング言語のクラスなどのコードを作成して、一度にシステムとしてテストすることは現実的ではなく、一般的な開発プロセスでは段階的にテストと統合を行ってシステムを完成させます。ソフトウェア開発プロセスで定義されているテストの段階（レベル）がテストレベルです。JSTQBのシラバスでは下の階層からコンポーネントテスト、統合テスト、システムテスト、受け入れテストの4つを一般的なテストレベルとして取り上げています。

●テストタイプ（Test Type）　【問題1-12】

テスト対象に対して、要件の種類（＝テストの目的）によりテストの種類（タイプ）があり、それがテストタイプです。テストタイプは特定のテストレベルだけで実施されるわけではなく、**図1-3**のように必要に応じてどのテストレベルでも実施されます。

○図1-3：テストレベルとテストタイプ

テストレベル ＼ テストタイプ	機能テスト	非機能テスト	ホワイトボックステスト	…
受け入れテスト	✔	✔	✔	
システムテスト	✔	✔	✔	
統合テスト	✔	✔	✔	
コンポーネントテスト	✔	✔	✔	

テストとは何か？　シラバス1.1

● テスト（Test）、デバッグ（Debug）　【問題1-13、1-14】

テストをすることによりテストケースの合否の結果が得られ、プロジェクトマネージャーなどのステークホルダーはソフトウェアの品質について知ることができます。テストケースの合否の結果が良ければ、リリース後の品質のリスクを低減することができます。準拠しなければならない契約、法律、規則といった標準がある場合は、それをテストすることにより準拠している確証が得られます。しかし、テストはソフトウェアの故障を検出するところまでで、故障の基になっている欠陥を特定して、取り除く活動はデバッグの活動になります。

テストの必要性　シラバス1.2

● ソフトウェア開発へのテストの貢献　【問題1-15】

ソフトウェア開発には要件定義、設計、コーディング（実装、プログラミング）、テストといった工程が含まれますが、テストはテストの工程に貢献するだけではありません。テスト担当者は、テスト以外の工程にもかかわることにより次のような貢献ができます。

- 要件定義書のレビューにテスト担当者が参加し、要件の欠陥を指摘します。テスト担当者は各要件がテスト可能かどうかを評価できます。
- 設計でテスト担当者と設計者が連携し、テスト担当者は設計内容を理解してテストの方法を考えて、設計者はそのテストの方法を理解することができます。この連携により、テスト担当者は設計段階でテストケースを識別することができます。
- コーディングでテスト担当者と開発担当者が連携し、テスト担当者はコードを理解してテストの方法を考えて、開発担当者はそのテスト方法を理解することができます。相互にレビューすることにより、コードやテストケースの欠陥を取り除くことができます。

そしてテストの工程の貢献として、テストをしなければ見つからないような故障を検出し、リリース前に欠陥を除去することができます。ステークホルダーのニーズや要件を満たしている・いないを評価するには、検証だけでは不十分で検証と妥当性確認が必要です。

検証（Verification）では要件に対してテスト対象のシステムやコンポーネントに実装の漏れがないかを確認し、妥当性確認（Validation）ではテスト対象のシステムやコンポーネントに実装された要件は本当に妥当か、すなわち使いものになるかをテストします。検証と妥当性確認をあわせて“V&V”と呼ぶことがあります。

● 品質とテストの関係　【問題1-16】

品質を適切なレベルにする活動は、品質コントロール（品質管理、Quality Control）と品質保証（Quality Assurance）という二つの側面があります。前者はQC活動、後者はQA活動と呼び、両方を合わせて品質マネジメント（品質管理、Quality Management）と呼びます。品質コントロールは開発プロセスで実行される要件定義、設計、実装、テストといった工程が漏れや誤りなく確実に実行されるための活動で、テスト活動は品質コントロールに含まれます。

一方の品質保証は工程それぞれの作業成果物の品質を確認し、品質に対する信頼を積み上げて最終的なシステムやソフトウェアの品質を保証するための活動で、レビューを含むテスト結果などを基に作業成果物の品質に対する意思決定をします。

● エラー（Error）　【問題1-17】

JSTQBのシラバスで単にエラーと呼ぶものはプログラマーになじみのあるプログラムのコンパイルエラーや実行エラーなどではなく、誤った結果を生み出す人間の行為を指します。例えば、間違った要件を書いたり、間違ったコードを書いたり、間違ったテストをすることなどが含まれます。

● 欠陥（Defect）　【問題1-18】

欠陥は、人間のエラーによって作業成果物に組み込まれた不備や欠点を指します。例えば要件定義書に記述された間違った要件、仕様を満たさないコードは欠陥です。JSTQBのシラバスではフォールト（Fault）やバグ（Bug）も欠陥と同義です。

●故障（Failure）　【問題1-19】

一部のコンポーネントが故障しても停止しない仕組みのことを“フェイルセーフ”と呼ぶことがありますが、そのフェイルのことです。欠陥によってコンポーネントやシステムが期待する結果と異なる結果になることを故障と呼びます。欠陥があるからといって、必ずしも故障として顕在化するわけではありません。例えばコードにバグがあっても、常におかしな挙動を引き起こすバグもあれば、特定の条件の時以外は正常に動くバグもあります。

●根本原因（Root Causes）、影響（Effects）　【問題1-20】

根本原因とは、欠陥を埋め込んだ最初の行為または条件のことです。欠陥を除去するだけで根本原因に対策を打たないと、また類似した欠陥が埋め込まれかねません。

影響とは、リリース後に故障によってユーザーや社会に及ぼす影響のことです。システムや故障の内容によって、その影響の種類や大きさは変わります。例えばユーザーの不満のこともあれば、社会インフラのシステムのように社会全体に与えるような影響もあります。リリース後に欠陥が見つかった場合は、欠陥を分析して元となっている根本原因を断ち、影響が最小限になるような取り組みが必要です。

テストの7原則　シラバス1.3

●テストの原則1：テストは欠陥があることは示せるが、欠陥がないことは示せない　【問題1-21】

テストを実行し、用意したすべてのテストケースが期待結果通りで合格となっても、用意していない実行事前条件や入力値で故障が起きる欠陥が潜んでいる可能性があります。それに故障として現れない欠陥もありますので、あくまで用意したテストケースについて欠陥があるか否かを示せるだけで、欠陥がゼロだと示せたわけではありません。

●テストの原則2：全数テストは不可能 【問題1-22】

全数テストとは、すべての入力値や実行事前条件などの組み合わせを網羅したテストのことです。テストによって欠陥がないことを示せるように全数テストをやれば良いのではと思いがちですが、一般的なコンポーネントやシステムで全数テストをするには天文学的なテストケース数が必要になります。例えばコンポーネントの入力値がゼロから99999の値が入力可能であれば、テストケースとして10万ケースを用意しなければならなくなります。複数の入力値や実行事前条件との組み合わせで期待結果や実行事後条件が異なるのであれば、その組み合わせをすべてテストケースで確認しなければならずテストケース数は爆発的に増えます。筆者も過去のプロジェクトで、上司から品質をよくするために全数テストをするように指示があり、テストケース数を試算したことがありますが1億テストケースに達したところで、不可能であることを報告したことがあります。

●テストの原則3：早期テストで時間とコストを節約 【問題1-23】

静的テストとはレビューなどテストアイテムを動作させずにするテスト、動的テストとはテストアイテムを動作させて確認するテストでそれぞれの詳細は後述しますが、どちらのテストもなるべく早い時期に開始するべきです。例えば要件をレビューせずにその要件の欠陥が実装後のテストで見つかったとすると、要件の修正、設計の修正、コードの修正、そして再テストが必要となります。開発の現場ではこのような先行する工程の欠陥を“手戻り”と呼ぶことがありますが、先行する工程の欠陥はその工程でテストした方が、後続の工程のテストで見つけて修正するより時間もコストも節約できます。早期テストは、シフトレフトとも呼ばれます。

●テストの原則4：欠陥の偏在 【問題1-24】

欠陥はすべてのコンポーネントに均一に存在するというよりも、特定のコンポーネントに集中しがちだということです。ちょっとプログラミングが苦手な人が書いたプログラムに集中していたり、新たに実装した複雑なアーキテクチャー設計から思いもよらぬ欠陥が集中したりと原因はさまざまです。筆者の経験でも思い当たることが何度もあります。

● テストの原則5：殺虫剤のパラドックスにご用心　【問題1-25】

殺虫剤を繰り返し使用すると虫に抵抗力がついて効果が低減するように、同じテストを繰り返すだけでは新たな欠陥を見つけることができなくなるという比喩です。だからといって、リグレッションテスト（繰り返しテストすること）が不要であるという意味ではありません。どちらかというと、新たな欠陥が見つけられるようにテストケースを増やしていきましょうということです。

● テストの原則6：テストは状況次第　【問題1-26】

全数テストが不可能であるのならば、何かを基準にテストをどのくらいやるのかをプロジェクトとして決めることになります。その時に、なんでもかんでも同じ基準でテストをやるのではなく、対象のシステムやソフトウェアに求められている品質で決めましょうということです。欠陥があってもだれにも損害をほぼ与えないようなソフトウェアと、人命がかかわるようなソフトウェアでは、テストにかけるべき時間もコストも内容も異なります。

また、アジャイル開発とウォーターフォール開発などソフトウェア開発ライフサイクルモデルが異なる開発プロセスでは、それぞれテストのやり方（アプローチ）が変わってきます。ソフトウェア開発ライフサイクルモデルについては第2章で詳しく述べます。

● テストの原則7：「バグゼロ」の落とし穴　【問題1-27】

ここまでの原則で導き出せますが、テストでバグがゼロだからといってバグがゼロだと勘違いしてはいけないということです。全数テストは不可能（原則2）な状況で、テストでは欠陥があることしかわからない（原則1）し、どのぐらいテストするかは状況次第（原則6）だからです。また、テストベースの要件が適切でなければ、バグがゼロでも妥当なシステムというわけではありません。

テストプロセス　シラバス1.4

● 状況に応じたテストプロセス　【問題1-28】

「テストの原則6：テストは状況次第」で述べたようにテストプロセスは状況によって適切に変えるべきです。プロジェクトが採用するアジャイル開発やウォーターフォール開発といったソフトウェア開発ライフサイクルモデルや方法論、実施するテストレベルやテストタイプ、テスト対象のプロダクトやプロジェクトで考慮すべきリスク、与えられた予算／リソース／期間などの制約、遵守すべき規定や標準などが状況として影響します。

テストの活動とタスク

JSTQBのシラバスではテストの活動を以下の7つにグループ分けしています。

- *テスト計画*
- *テストのモニタリングとコントロール*
- *テスト分析*
- *テスト設計*
- *テスト実装*
- *テスト実行*
- *テスト完了*

テストプロセスの全体像は**図1-4**で、各テスト活動の進め方は、プロジェクトの採用しているソフトウェア開発ライフサイクルモデルなどによって異なりますが、ライフサイクルモデルによる違いは第2章で説明し、ここでは7つのグループそれぞれの活動概要について述べます。またJSTQBのシラバスが参考として挙げている国際規格ISO/IEC/IEEE 29119-3の作業成果物は、コラム「テストドキュメントの国際規格ISO/IEC/IEEE 29119-3 Part1」(51ページ)を参照してください。

○図1-4：テストプロセス

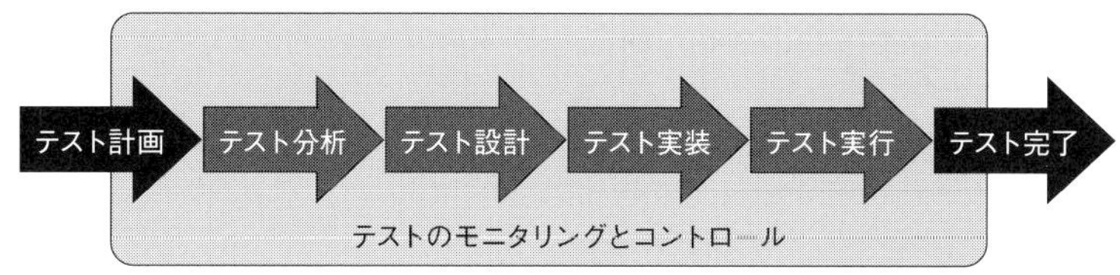

● テスト計画（Test Planning）　【問題1-29、1-36】

テスト計画は、テスト対象やテストアイテムなどテストの目的（何をテストするのか）、テストアプローチ（どのようにテストするのか）の選択、必要なタスク（そのためにはどのような作業が必要なのか）、スケジュール（いつ、だれがやるのか）を策定します。テスト計画はプロジェクト計画からテスト活動の部分を切り出したものとも言え、プロジェクトによってはテスト計画をプロジェクト計画書に含めることもあります。テスト計画の詳細は第5章で述べます。

JSTQBのシラバスで挙げている作業成果物は以下の通りです。

- *テスト計画書*
- *テストベースに関する情報*
- *トレーサビリティに関する情報*
- *テストのモニタリングとコントロールで使用する終了基準*

● テストのモニタリングとコントロール（Test Monitoring and Control）　【問題1-30、1-37】

図1-4に示したように、モニタリングとコントロールは他の活動すべてと関係があります。テスト計画書の内容と実際の進捗を継続的に比較し、状況によってはテスト計画を更新します。テスト活動が終了基準を満たすとテスト完了に移ります。

テスト活動の進捗は、例えばテストアイテムとテストケースの説明で述べたように、それらの数で知ることができます。テストの規模は予定しているテストアイテムやテストケースの数、進捗状況は完了したテストアイテムやテストケースの数、品質は合格と不合格のテストアイテムやテストケースの数などが使えます。このような測定で用いる指標をメトリクスと呼びます。テストのモニタリングとコントロールの詳細は第5章で述べます。

JSTQBのシラバスで挙げている主な活動は以下の通りです。

- *特定のカバレッジ基準に対してテスト結果とログをチェックする。*
- *テスト結果とログに基づいて、コンポーネントまたはシステムの品質のレベルを評価する。*

- *さらなるテストが必要かどうかを判断する。*

JSTQBのシラバスで挙げている作業成果物は以下の通りです。

- *テスト進捗レポート：定期的に作成する。*
- *テストサマリーレポート：さまざまな完了マイルストーンで作成する。*

テスト進捗レポートとテストサマリーレポートを合わせて“テストレポート”と呼びます。

● テスト分析（Test Analysis） 【問題1-31、1-38】

テスト分析では、テスト計画で定義したテスト対象やテストアイテムのテストすべきフィーチャー（特性）を識別します。フィーチャーは機能的なのもあれば非機能的なのもあり、テスト対象の仕様によってその内容もさまざまです。フィーチャーがどう振る舞うのが正しいのかは、その仕様を決定している要件定義書や設計書などのテストベースを参照します。テストベースの分析に基づいて各フィーチャーのテスト条件を定義し優先度を割り当てます。優先度の割り当てには、フィーチャーの特性、構造、その他のビジネスおよび技術的要因、リスクレベルを考慮します。

JSTQBのシラバスで挙げている主な活動は以下の通りです。

- *テストレベルごとに適切なテストベースを分析する。*
- *テストベースとテストアイテムを評価して、以下のようなさまざまな種類の欠陥を識別する。*
  曖昧、欠落、不整合、不正確、矛盾、冗長なステートメント
- テストすべきフィーチャーとフィーチャーのセットを識別する。
- テストベースの分析に基づいて、各フィーチャーのテスト条件を決めて優先度を割り当てる。この際には、機能/非機能/構造の特性、他のビジネス/技術的要因、リスクのレベルを考慮する。
- *テストベースの各要素と関連するテスト条件の間に双方向のトレーサビリティを確立する。*

JSTQBのシラバスで挙げている作業成果物は以下の通りです。

- *優先順位を付けたテスト条件*
- *テストチャーター　‥探索的テストの場合で、そのゴールや目的を記載したドキュメント*
- *テストベースの欠陥についてのレポート*

●テスト設計（Test Design）　【問題1-32、1-39】

ここまででテスト対象、テストアイテム、テストベース、フィーチャー、テスト条件まで識別できました。テスト設計では、テストアイテムをテストするためのテストケースを設計し、優先度を割り当てます。この時点でのテストケースは“高位レベルテストケース”（High-Level Test Case）と呼び、具体的な入力データと期待結果の値まで特定していません。高位レベルテストケースに必要なテストデテータを識別し、テスト環境を設計します。

JSTQBのシラバスで挙げている主な活動は以下の通りです。

- *テストケースおよびテストケースのセットを設計し、優先度を割り当てる。*
- *テスト条件とテストケースを支援するために必要なテストデータを識別する。*
- *テスト環境を設計し、必要なインフラストラクチャーやツールを識別する。*
- *テストベース、テスト条件、テストケース、テスト手順の間で双方向のトレーサビリティを確立する。*

JSTQBのシラバスで挙げている作業成果物は以下の通りです。

- *高位レベルテストケースとテストケースのセット*

●テスト実装（Test Implementation）　【問題1-33、1-40】

テスト設計で設計した高位レベルテストケースを具体化し、テスト実行に必要なテスト環境、テストデータ、テストスクリプト、テスト手順といった具体的なものを用意しテストウェアとして完成させます。この際に、効率の良いテストケースの実行順序も検討しテストスイートとしてまとめます。

JSTQBのシラバスで挙げている主な活動は以下の通りです。

- *テスト手順を開発して優先度を割り当てる。場合によっては、自動化のテストスクリプトを作成する。*
- *テスト手順や（存在する場合）テストスクリプトからテストスイートを作成する。*
- *効率的にテスト実行ができるように、テスト実行スケジュール内でテストスイートを調整する。*
- *テスト環境を構築する。また、必要なものすべてが正しくセットアップされていることを確認する。*
- *テストデータを準備し、テスト環境に適切に読み込ませてあることを確認する。*
- *テストベース、テスト条件、テストケース、テスト手順、テストスイートの間での双方向トレーサビリティを検証し更新する。*

JSTQBのシラバスで挙げている作業成果物は以下の通りです。

- *テスト手順とそれらの順序付け*
- *テストスイート*
- *テスト実行スケジュール*

●テスト実行（Test Execution）　【問題1-34、1-41】

テスト実装で実行可能になったテストをスケジュールにしたがって実行します。テスト技法によっては、テスト設計、テスト実装をしながらテスト実行を行うことがあります。テスト技法の詳細は第4章で述べます。

JSTQBのシラバスで挙げている主な活動は以下の通りです。

- *テストアイテムまたはテスト対象、テストツール、テストウェアのIDとバージョンを記録する。*
- *手動で、またはテスト実行ツールを使用してテストを実行する。*
- *実行結果と期待結果を比較する。*
- *不正を分析して、可能性のある原因を特定する。*
- *故障を観察し、観察に基づいて欠陥を報告する。*
- *テスト実行の結果（合格、不合格、ブロックなど）を記録する。*

- 不正への対応の結果、または計画したテストの一環として、テスト活動を繰り返す。
- テストベース、テスト条件、テストケース、テスト手順、テスト結果の間で双方向のトレーサビリティを検証し更新する。

JSTQBのシラバスで挙げている作業成果物は以下の通りです。

- テストケースまたはテスト手順のステータスに関するドキュメント
- 欠陥レポート
- テストアイテム、テスト対象、テストツール、テストウェアに関するドキュメント

● テスト完了（Test Completion）　【問題1-35、1-42】

プロジェクトのテストが終了基準に達するとテスト完了の活動として、それまでの活動で得られたテストウェアやテスト結果などの資産を保管します。終了基準に達しない場合もプロジェクトが意思決定した場合は、変更要求やバックログとして残し完了します。ここまでのサイクルは、アジャイル開発のイテレーションの完了、テストレベルの完了、リリースのサイクルなどさまざまです。

JSTQBのシラバスで挙げている主な活動は以下の通りです。

- すべての欠陥レポートがクローズしていることを確認する。または、テスト実行の終了時に未解決として残されている欠陥について変更要求またはプロダクトバックログアイテムを作成する。
- テストサマリーレポートを作成して、ステークホルダーに提出する。
- テスト環境、テストデータ、テストインフラストラクチャー、その他のテストウェアを次回も使えるように整理し保管する。
- テストウェアをメンテナンスチーム、他のプロジェクトチーム、および/またはその使用により利益を得る可能性のある他のステークホルダーに引き継ぐ。
- 完了したテスト活動から得られた教訓を分析し、次回のイテレーションやリリース、プロジェクトのために必要な変更を決定する。

- *収集した情報をテストプロセスの成熟度を改善するために利用する。*

JSTQBのシラバスで挙げている作業成果物は以下の通りです。

- *テストサマリーレポート*
- *後続するプロジェクトまたはイテレーションを改善するためのアクションアイテム*
  例えばアジャイルプロジェクトの振り返りから得られた教訓に従うことなど
- *変更要求またはプロダクトバックログアイテム*
- *変更に対応して最終的に完成したテストウェア*

● トレーサビリティ（Traceability）　【問題1-43】

テスト計画からテスト完了までのテストプロセスにおいてテストベース、テスト対象、テストアイテム、テストウェア、テストレポートなどさまざまな作業成果物が作られることを述べましたが、テストプロセスの進捗を正確に把握し、テストの一貫性や正当性を維持するためにこれらの作業成果物を追跡（トレース）できる必要があります。この追跡できる能力をトレーサビリティ（追跡可能性）と呼びます。

JSTQBのシラバスで挙げている優れたトレーサビリティのメリットは以下の通りです。

- *テストカバレッジを評価する。*
- *変更の影響度を分析する。*
- *テストを監査可能にする。*
- *ITガバナンス基準を満たす。*
- *テストベースの要素のステータスを含めることで、テスト進捗レポートとテストサマリーレポートの理解しやすさを向上する。*

例えば、テストが合格となった要件、テストが不合格となった要件、テストを保留している要件

- *テストの技術的な側面をステークホルダーにとってなじみのある言葉で説明する。*
- *ビジネスゴールに対するプロダクトの品質、プロセス能力およびプロジェク*

ト進捗の評価に関する情報を提供する。

テストの心理学　シラバス1.5

テスト担当者も開発担当者も人間ですので、テストプロセスを実行する際に担当者の心理が作用します。テスト関係者の確証バイアスやマインドセットといった心理的要素を理解しておくことで、テスト担当者と開発担当者が協調してテストを円滑に進めることができます。

● 確証バイアス（Confirmation Bias）　【問題1-44】

確証バイアスは認知心理学や社会心理学の用語で、人は無意識のうちに自分の支持するほうに偏った意識を持ってしまう認知バイアス（Cognitive Bias）の1つです。ソフトウェアテストにおいては、開発担当者が自分の書いたコードは正しいはずという前提で、テスト担当者が報告した不合格のテストケースに対して、テスト環境など自分のコード以外の要因でそのテスト結果になったのではないかと思考してしまうことがあります。筆者も確証バイアスでテスト結果を見てしまうことがありましたが、人には確証バイアスがあるということを知ってからは以前よりも客観的に自分のコードが見られるようになったと思います。

● マインドセット（Mindsets）　【問題1-45】

マインドセットは、ものの見方や価値観のことで、人の行動や思考に作用します。ソフトウェアテストにおいては、開発担当者のマインドセットは、知恵を絞ってソリューション（解決策）となるソフトウェアを実現することに関心が高く、実現したソフトウェアの欠陥には関心が低い傾向があります。あなたがもしテストが面倒だと思っているならば、それはおそらく開発担当者のマインドセットです。一方テスト担当者のマインドセットは、欠陥を見逃さないことに関心があり、経験を積むことによって成熟する傾向があると言われています。

1.4 要点整理

テストの用語

- テスト対象：テストすべきコンポーネントまたはシステムでテストレベルなどによって変わる。
- テストアイテム：テスト対象をテストする単位に分けたもの。
- テストベース：テストケースの内容の根拠となるもので、要件定義書や設計書などがある。
- テスト条件：テストベースに定義されているテスト可能なもの。
- テストケース：テストアイテムに対して1つ以上作成し、テストアイテムへの入力値、実行事前条件、期待結果、実行事後条件を定義したもの。
- テストスイート：特定のテスト実行のためにテストケースをまとめたもの。
- テスト環境：テストアイテムを動かす環境のこと。
- テストハーネス：テスト環境の一部でスタブとドライバで構成される。
- テストウェア：テストベース、テストケース、テスト環境、データ、データベース、テストスクリプト、テスト手順などテストを実行するための一式のこと。
- テストオラクル：テストケースの期待結果を得られるもので既存システムやユーザーマニュアルなどがある。
- テストレベル：ソフトウェア開発プロセスで定義されているテストの段階で、一般的なテストレベルにはコンポーネントテスト、統合テスト、システムテスト、受け入れテストがある。
- テストタイプ：テストの目的に応じて分けたテストの種類のこと。

テストとは何か？ シラバス1.1

- テストとデバッグの違い：テストは故障を検出し、デバッグは故障の原因となっている欠陥を特定して取り除く。

テストの必要性　シラバス1.2

- ソフトウェアのテストへの貢献：テストで欠陥を検出するだけでなく要件、設計、コーディングに関与し担当者と協調することにより、品質を高めることに貢献できる。
- 品質とテストの関係：品質を高めるための活動を品質マネジメントと呼び、品質コントロールと品質保証を含む。テスト活動は品質コントロールに含まれる。
- 検証：要件が満たされていることを確認すること。
- 妥当性確認：実装された要件が本当に妥当かを確認すること。
- エラー：誤った結果を生み出す人間の行為のこと。
- 欠陥：人間のエラーによって作業成果物に組み込まれた不備や欠点のことで、フォールトやバグも含む。
- 故障：欠陥によってコンポーネントやシステムが期待結果と異なる結果になること。
- 根本原因：欠陥を埋め込んだ最初の行為または条件のこと。
- 影響：リリース後に故障によってユーザーや社会に及ぼす影響のこと。

テストの7原則　シラバス1.3

- テストの原則1：テストは欠陥があることは示せるが、欠陥がないことは示せない

　用意したテストケースすべてに合格しても、用意していないテストケースに欠陥があるかもしれない。

- テストの原則2：全数テストは不可能

　すべての組み合わせを網羅するようなテストをするにはテストケース数が多すぎて不可能である。

- テストの原則3：早期テストで時間とコストを節約

　なるべく早い時期に静的テストと動的テストを開始すると、手戻りの時間や工数を低減できる。

- テストの原則4：欠陥の偏在

　欠陥は、システム全体にまんべんなく存在するのではなく、特定のコンポー

ネントに集中する傾向がある。

- テストの原則5：殺虫剤のパラドックスにご用心

　同じテストケースを何度もしていると新たな欠陥は見つからなくなるので、継続的に品質を向上させたいのであれば、テストケースの見直しや追加をするべきである。

- テストの原則6：テストは状況次第

　必要とされる信頼性によってどの程度テストすべきか異なるし、ソフトウェア開発ライフサイクルモデルでテストのやり方は異なる。

- テストの原則7：「バグゼロ」の落とし穴

　バグがゼロでも、要件が適切でなければ妥当なシステムとは言えない。

テストプロセス　シラバス1.4

- テスト計画：テストの目的、テストアプローチ、タスク、スケジュールを策定する。
- テストのモニタリングとコントロール：テスト計画書の内容と実際の進捗を継続的に比較し、状況によってはテスト計画を更新する。
- テスト分析：テスト対象やテストアイテムのテストすべきフィーチャー（特性）を識別し、フィーチャーに対応するテストベースからテスト条件を定義し優先度を割り当てる。
- テスト設計：テストアイテムをテストするための高位レベルテストケースを設計し、優先度を割り当てて、テストケースに必要なテストデテータを識別し、テスト環境を設計する。
- テスト実装：テストケースのテスト実行に必要なテスト環境、テストデータ、テストスクリプト、テスト手順といった具体的なものを用意しテストウェアとして完成させる。
- テスト実行：実装したテストケースを実行し、故障を検出する。
- テスト完了：終了基準に達していることや残存するバックログを確認し、テストウェアやテスト結果などの資産を保管する。
- トレーサビリティ：テスト活動での作業成果物を追跡できる能力のこと。

テストの心理学　シラバス1.5

- 確証バイアス：人は無意識のうちに自分の支持するほうに偏った意識を持ってしまうことで、ソフトウェアテストにおいても開発担当者が自分の書いたコードは正しいはずという前提でテスト結果を見てしまうことがある。
- マインドセット：開発担当者のマインドセットは、ソリューションを作ることに関心が高く欠陥には関心が低い。テスト担当者のマインドセットは、欠陥を見逃さないことに関心が高く、経験で成熟する傾向がある。開発担当者とテスト担当者は相互に理解し合い協調しなければならない。

コラム テストドキュメントの国際規格 ISO/IEC/IEEE 29119-3 Part1

ここでは、JSTQBがテストドキュメントの参考として挙げている国際規格ISO/IEC/IEEE 29119-3「Software testing - Part 3:Test documentation」について紹介します。ISO/IEC/IEEE 29119-3は、ISO/IEC/IEEE 29119「Software testing」シリーズを構成する規格の1つで、ソフトウェアテストで用いられるドキュメントのテンプレートとサンプルを提供しています。

注意点としては、この規格で紹介されているままのドキュメントを作るべきというわけではなく、ドキュメントの単位や構成は組織やプロジェクトの開発プロセスに合うようにテーラリングして使うものだということです。ISO/IEC/IEEE 29119-3に掲載されているアジャイル開発に適用したサンプルでは、ドキュメントの数も項目も簡易になっています。

ISO/IEC/IEEE 29119-3で定義しているドキュメント

組織単位で作成するドキュメント、テストマネジメントのためのドキュメント、動的テストでのドキュメントに分類されています。

組織のテストプロセスに関するドキュメント (Organizational Test Process Documentation)

- テストポリシー（Test Policy）

テストポリシーは、組織内で適用するソフトウェアテストの目的と原則を定義したものです。テストポリシーによって、組織のテストポリシーを確立、確認、および継続的に改善するためのフレームワークを提供します。

- 組織のテスト戦略（Organizational Test Strategy）

組織のテスト戦略は、テストポリシーに記載されている目標を達成する方法に関するガイドラインです。JSQTBのシラバスのテスト戦略を記載したドキュメントに相当します。

テストマネジメントに関するドキュメント (Test Management Processes Documentation)

- **テスト計画書**（Test Plan）

テスト計画書は、テスト計画とテストマネジメント内容を記載したものです。JSQTBのシラバスのテスト計画書に相当します。

- **テスト進捗レポート**（Test Status Report）

テスト進捗レポートは、特定の期間に実行されたテストの状況に関する情報を記載したものです。JSTQBのシラバスのテスト進捗レポートに相当します。

- **テスト完了レポート**（Test Completion Report）

テスト完了レポートは、実行が完了したテストの概要を記載したものです。JSTQBのシラバスのテストサマリーレポートに相当します。

動的テストプロセスに関するドキュメント (Dynamic Test Processes Documentation)

- **テスト設計書**（Test Design Specification）

テスト設計書は、テストするフィーチャーと、実行するテストケースとテスト手順の定義に必要な各フィーチャーのテスト条件を定義したものです。

- **テストケース定義書**（Test Case Specification）

テストケース仕様書は、テストカバレッジ項目と、フィーチャーのテストベースから導き出したテストケースを定義したものです。

- **テスト手順書**（Test Procedure Specification）

テスト手順仕様書は、テストセットのテストケースの実行順、手順開始時の前提条件のセットアップ内容、実行されるアクティビティを定義したものです。JSTQBのシラバスではテストセットをテストスイートと呼びます。

- **テストデータ要件**（Test Data Requirements）

テストデータ要件は、テスト手順書で定義されているテスト手順を実行するために必要なテストデータの特性（properties）を記載したものです。

- **テスト環境要件**（Test Environment Requirements）

テスト環境要件は、テスト手順仕様書で定義されているテスト手順を実行するために必要なテスト環境の特性（properties）を記載したものです。

- **テストデータ準備レポート**（Test Data Readiness Report）

テストデータ準備レポートは、各テストデータ要件の準備状況について記載したものです。

- **テスト環境準備レポート（Test Environment Readiness Report）**

テスト環境準備レポートは、各テスト環境要件の準備状況について記載したものです。

- **実際の結果（Actual Results）**

実際の結果（実行結果）は、テスト手順でテストケースを実行した結果を記録したものです。ドキュメントとして正式に記録されるとは限りません。

- **テスト結果（Test Result）**

テスト結果は、特定のテストケースの実行が成功したか失敗したか、つまり実行結果と期待結果が一致したかどうかを記録したものです。

- **テスト実行ログ（Test Execution Log）**

テスト手順の実行のログを記録したものです。

- **テストインシデントレポート（Test Incident Reporting）**

テストインシデントとは、テスト中に気づいた問題で、テストインシデントレポートに記録します。1つのインシデントにつき1つのインシデントレポートを作成します。インシデントレポートは、欠陥レポート、バグレポート、障害レポートなどとも呼ばれます。JSTQBのシラバスでは欠陥レポートと呼びます。

第2章

ソフトウェア開発ライフサイクル全体を通してのテスト

ソフトウェア開発ライフサイクルモデルの“ソフトウェア開発ライフサイクル”とは、ソフトウェア開発の一生（ライフサイクル）すなわち開発の始まりから終わりまでを意味し、“モデル”とは“型”という意味でライフサイクルの進め方によって、JSTQBのシラバスではシーケンシャル開発モデル、インクリメンタル開発モデル、イテレーティブ開発モデルの3つに分類しています。

ソフトウェア開発ライフサイクルでは、段階的にテストと統合を進めていき、各段階をテストレベルと呼びます。JSTQBのシラバスでは一般的なテストレベルとして、コンポーネントテスト、統合テスト、システムテスト、受け入れテストの4つを挙げています。

各テストレベルでは、テスト対象の特性によって適切なテストタイプを選択する必要があります。JSTQBのシラバスでは機能テスト、非機能テスト、ホワイトボックステスト、変更部分のテストの4つに分類しています。

本章ではソフトウェア開発ライフルサイクルモデル、テストレベル、テストタイプの詳細と、それらがテストでどのように関係しているのかを理解していきます。

2.1 問題

※解答は68ページ、解説は70ページ

問題2-1

FL-2.1.1 K2

シーケンシャル開発モデルの説明として最も適切なのは？

□ (1) ソフトウェアのフィーチャーが徐々に増加していく
□ (2) システムを分割し、分割単位ごとに要件の確定、設計、構築、テストを行う
□ (3) 開発プロセスのあらゆるフェーズが直前のフェーズの完了とともに始まる
□ (4) グループにしたフィーチャー群を、イテレーションの中で一緒に仕様化、設計、構築、テストする

問題2-2

FL-2.1.1 K2

インクリメンタル開発モデルの説明として最も適切なのは？

□ (1) 開発プロセスのあらゆるフェーズが直前のフェーズの完了とともに始まる
□ (2) システムを分割し、分割単位ごとに要件の確定、設計、構築、テストを行う
□ (3) グループにしたフィーチャー群を、イテレーションの中で一緒に仕様化、設計、構築、テストする
□ (4) フィーチャーが完全に揃ったソフトウェアを提供する

問題2-3

FL-2.1.1 K2

イテレーティブ開発モデルの説明として最も適切なのは？

- □ (1) ソフトウェアのフィーチャーが徐々に増加していく
- □ (2) システムを分割し、分割単位ごとに要件の確定、設計、構築、テストを行う
- □ (3) 開発プロセスのあらゆるフェーズが直前のフェーズの完了とともに始まる
- □ (4) グループにしたフィーチャー群を、イテレーションの中で一緒に仕様化、設計、構築、テストする

問題2-4

FL-2.1.1 K2

ウォーターフォールモデルの説明として誤っているのは？

- □ (1) シーケンシャル開発モデルの一種である
- □ (2) 要件分析、設計、コーディング、テストなどの開発活動は、逐次完了する
- □ (3) 増加させていくフィーチャーの分割単位の大きさはさまざまである
- □ (4) テスト活動はその他の開発活動がすべて完了した後に実行する

問題2-5

FL-2.1.1 K2

V字モデルの説明として誤っているものは？

- □ (1) シーケンシャル開発モデルの一種である
- □ (2) 開発プロセス全体にテストプロセスを統合しており、早期テストの原則を実装している
- □ (3) 完成したソフトウェアが提供されるか、開発が中止するまでイテ

レーションを継続する

□ (4) 各開発フェーズにテストレベルが対応している

問題2-6

FL-2.1.1 K2

ラショナル統一プロセス（RUP）の説明は？

□ (1) イテレーションの期間の長さが固定されているかどうかに関係なく実装できるので、完了時に単一の機能強化やフィーチャーをリリースすることも、複数のフィーチャーをまとめてリリースすることもできる

□ (2) 各イテレーションは他のイテレーティブ開発モデルと比べて短期（例えば、数時間、数日、数週間）になる傾向にあり、フィーチャーの増加は小さくなる傾向にある

□ (3) 増分を試行しながら追加する。増分は、後続の開発作業で大幅に作り直すことも破棄することもある

□ (4) 各イテレーションは他のイテレーティブ開発モデルと比べて長期（例えば2-3か月）になる傾向にあり、フィーチャーの増加は期間に対応して大きくなる傾向にある

問題2-7

FL-2.1.1 K2

スクラム（SCRUM）の説明は？

□ (1) イテレーションの期間の長さが固定されているかどうかに関係なく実装できるので、完了時に単一の機能強化やフィーチャーをリリースすることも、複数のフィーチャーをまとめてリリースすることもできる

□ (2) 各イテレーションは他のイテレーティブ開発モデルと比べて短期（例えば、数時間、数日、数週間）になる傾向にあり、フィー

チャーの増加は小さくなる傾向にある

□ (3) 増分を試行しながら追加する。増分は、後続の開発作業で大幅に作り直すことも破棄することもある

□ (4) 各イテレーションは他のイテレーティブ開発モデルと比べて長期（例えば2-3か月）になる傾向にあり、フィーチャーの増加は期間に対応して大きくなる傾向にある

問題2-8

FL-2.1.1 K2

カンバンの説明は？

□ (1) イテレーションの期間の長さが固定されているかどうかに関係なく実装できるので、完了時に単一の機能強化やフィーチャーをリリースすることも、複数のフィーチャーをまとめてリリースすることもできる

□ (2) 各イテレーションは他のイテレーティブ開発モデルと比べて短期（例えば、数時間、数日、数週間）になる傾向にあり、フィーチャーの増加は小さくなる傾向にある

□ (3) 増分を試行しながら追加する。増分は、後続の開発作業で大幅に作り直すことも破棄することもある

□ (4) 各イテレーションは他のイテレーティブ開発モデルと比べて長期（例えば2-3か月）になる傾向にあり、フィーチャーの増加は期間に対応して大きくなる傾向にある

問題2-9

FL-2.1.1 K2

スパイラル（プロトタイピング）の説明は？

□ (1) イテレーションの期間の長さが固定されているかどうかに関係なく実装できるので、完了時に単一の機能強化やフィーチャーをリ

リースすることも、複数のフィーチャーをまとめてリリースすることもできる

- □ (2) 各イテレーションは他のイテレーティブ開発モデルと比べて短期（例えば、数時間、数日、数週間）になる傾向にあり、フィーチャーの増加は小さくなる傾向にある
- □ (3) 増分を試行しながら追加する。増分は、後続の開発作業で大幅に作り直すことも破棄することもある
- □ (4) 各イテレーションは他のイテレーティブ開発モデルと比べて長期（例えば2-3か月）になる傾向にあり、フィーチャーの増加は期間に対応して大きくなる傾向にある

問題2-10

FL-2.1.2 K1

ソフトウェア開発ライフサイクルモデルの選択と調整における考慮点として最も適切ではないものは？

- □ (1) 開発するプロダクトの種類
- □ (2) 全数テスト
- □ (3) ビジネス上の優先度
- □ (4) プロジェクトリスク

問題2-11

FL-2.2.1 K2

次の説明はどのテストレベルの目的か？
「個別にテスト可能なコンポーネントに焦点をあてる。コンポーネントの機能的/非機能的振る舞いが設計および仕様通りであることを検証する。」

- □ (1) 受け入れテスト
- □ (2) 統合テスト
- □ (3) システムテスト

□ (4) コンポーネントテスト

問題2-12

FL-2.2.1 K2

次の説明はどのテストレベルか？
「コンポーネントまたはシステム間の相互処理に焦点をあてる。インターフェースの機能的/非機能的振る舞いが設計および仕様通りであることを検証する。」

□ (1) 受け入れテスト
□ (2) 統合テスト
□ (3) システムテスト
□ (4) コンポーネントテスト

問題2-13

FL-2.2.1 K2

次の説明はどのテストレベルか？
「システムが実行するエンドツーエンドのタスクと、タスクの実行時にシステムが示す非機能的振る舞いといったシステムやプロダクト全体の振る舞いや能力に焦点をあてる。システムの機能的/非機能的振る舞いが設計および仕様通りであることを検証する。」

□ (1) 受け入れテスト
□ (2) 統合テスト
□ (3) システムテスト
□ (4) コンポーネントテスト

問題2-14

FL-2.2.1 **K2**

次の説明はどのテストレベルか？
「システムが完成し期待通りに動作することの妥当性確認と、システムの機能的/非機能的振る舞いが仕様通りであることの検証をする。」

□ (1) 受け入れテスト
□ (2) 統合テスト
□ (3) システムテスト
□ (4) コンポーネントテスト

問題2-15

FL-2.2.1 **K2**

コンポーネントテストの目的に合致するテストベースとテスト対象の組み合わせとして最も適切なものは？

□ (1) システム設計とサブシステム
□ (2) ソフトウェア要求仕様とアプリケーション
□ (3) 詳細設計とコード
□ (4) ビジネスプロセスとシステム

問題2-16

FL-2.2.1 **K2**

統合テストの目的に合致するテストベースとテスト対象の組み合わせとして最も適切なものは？

□ (1) システム設計とサブシステム
□ (2) ソフトウェア要求仕様とアプリケーション
□ (3) 詳細設計とコード
□ (4) ビジネスプロセスとシステム

問題2-17

FL-2.2.1 K2

システムテストの目的に合致するテストベースとテスト対象の組み合わせとして最も適切なものは？

- □ (1) システム設計とサブシステム
- □ (2) ソフトウェア要求仕様とアプリケーション
- □ (3) 詳細設計とコード
- □ (4) ビジネスプロセスとシステム

問題2-18

FL-2.2.1 K2

受け入れテストの目的に合致するテストベースとテスト対象の組み合わせとして最も適切なものは？

- □ (1) システム設計とサブシステム
- □ (2) ソフトウェア要求仕様とアプリケーション
- □ (3) 詳細設計とコード
- □ (4) ビジネスプロセスとシステム

問題2-19

FL-2.2.1 K2

ユーザー受け入れテストの説明として最も適切なものは？

- □ (1) 運用担当者などがバックアップと復元、災害復旧、ユーザー管理などを確認する
- □ (2) 対象ユーザーが想定しているシステムの使用方法と合致していることを確認する
- □ (3) 市販ソフトウェア（COTS）を市場へリリースする前に、ユーザーや運用担当者などからフィードバックを受ける

□ (4) 契約時に当事者間で合意している受け入れ基準を確認する

問題 2-20

FL-2.2.1 K2

運用受け入れテストの説明として最も適切なものは？

□ (1) 運用担当者などがバックアップと復元、災害復旧、ユーザー管理などを確認する
□ (2) 対象ユーザーが想定しているシステムの使用方法と合致していることを確認する
□ (3) 市販ソフトウェア（COTS）を市場へリリースする前に、ユーザーや運用担当者などからフィードバックを受ける
□ (4) 契約時に当事者間で合意している受け入れ基準を確認する

問題 2-21

FL-2.2.1 K2

契約による受け入れテストの説明として最も適切なものは？

□ (1) 運用担当者などがバックアップと復元、災害復旧、ユーザー管理などを確認する
□ (2) 対象ユーザーが想定しているシステムの使用方法と合致していることを確認する
□ (3) 市販ソフトウェア（COTS）を市場へリリースする前に、ユーザーや運用担当者などからフィードバックを受ける
□ (4) 契約時に当事者間で合意している受け入れ基準を確認する

問題 2-22

FL-2.2.1 K2

規制による受け入れテストの説明として最も適切なものは？

□ (1) 対象ユーザーが想定しているシステムの使用方法と合致していることを確認する
□ (2) 運用担当者などがインストール、メンテナンスタスク、性能などを確認する
□ (3) 政府、法律、安全の基準などに合致しているかを確認する
□ (4) 市販ソフトウェア（COTS）を市場へリリースする前に、ユーザーや運用担当者などからフィードバックを受ける

問題2-23

FL-2.2.1 K2

アルファテストおよびベータテストの説明として最も適切なものは？

□ (1) 運用担当者などがバックアップと復元、災害復旧、ユーザー管理などを確認する
□ (2) 対象ユーザーが想定しているシステムの使用方法と合致していることを確認する
□ (3) 市販ソフトウェア（COTS）を市場へリリースする前に、ユーザーや運用担当者などからフィードバックを受ける
□ (4) 契約時に当事者間で合意している受け入れ基準を確認する

問題2-24

FL-2.3.1 K2 ／ FL-2.3.2 K1

機能テストの説明として適切ではないものは？

□ (1) すべてのテストレベルで行うべきである
□ (2) テスト対象が「何をすべきか」をテストする
□ (3) テスト対象の要件は、まったく文書化されていない場合もある
□ (4) テスト対象の機能適合性、互換性、保守性といった特性を評価する

問題2-25

FL-2.3.1 **K2** ／ FL-2.3.2 **K1**

非機能テストの説明として適切ではないものは？

□ (1) すべてのテストレベルで行うべきである
□ (2) テスト対象が「どのように上手く」振る舞うかをテストする
□ (3) テスト対象の内部構造や実装に基づいてテストを導出する
□ (4) テスト対象の使用性、性能効率性、セキュリティといった特性を評価する

問題2-26

FL-2.3.1 **K2** ／ FL-2.3.2 **K1**

ホワイトボックステストの説明として適切ではないものは？

□ (1) すべてのテストレベルで行うべきである
□ (2) サポート対象のデバイスすべてで動作することを確認する
□ (3) テスト対象のコード、アーキテクチャー、ワークフローなどの内部構造に基づいてテストを導出する
□ (4) 構造カバレッジを用いてテストが十分かを計測できる

問題2-27

FL-2.3.3 **K2**

以下の確認テストとリグレッションテストの説明として適切なのは？

a. どちらもテスト対象に修正や変更が行われた後に行う
b. 確認テストは、欠陥が確実に修正されたことをテストする
c. リグレッションテストは、テスト対象に修正および変更が行われたことで意図しない副作用が起きないことをテストする
d. すべてのテストレベルで行うべきである

□ (1) a、b、cが正しい

□ (2) bとcが正しい

□ (3) b、c、dが正しい

□ (4) すべて正しい

問題 2-28

FL-2.4.1 K2

メンテナンステストが必要とならないのは？

□ (1) リリース前のアプリケーション

□ (2) COTSソフトウェアのアップグレード

□ (3) 別のプラットフォームへの移行

□ (4) アプリケーションの廃棄

問題 2-29

FL-2.4.2 K2

メンテナンステストの影響度分析の説明として適切ではないものは？

□ (1) 変更により予想される副作用および変更が影響するシステムの範囲を識別する

□ (2) 既存のテストについて、修正が必要な箇所を識別する

□ (3) 副作用や影響を受ける領域に対してリグレッションテストを行う必要がある

□ (4) 必ず変更を行った後に実施する

2.2 解答

問題	解答	説明
2-1	**3**	シーケンシャル開発モデルにはイテレーションがなく、開発プロセスのあらゆるフェーズが直前のフェーズの完了とともに始まります。
2-2	**2**	インクリメンタル開発モデルでは、分割された単位で徐々に増加していきます。
2-3	**4**	イテレーティブ開発モデルでは、イテレーションという小さい単位で仕様化からテストまでのプロセスが繰り返されます。
2-4	**3**	ウォーターフォールモデルには、イテレーションがないので増加がありません。
2-5	**3**	V字モデルはシーケンシャル開発モデルの1つで、イテレーションがありません。
2-6	**4**	ラショナル統一プロセスのイテレーションは、アジャイル開発などと比べて長期になる傾向があります。
2-7	**2**	スクラムはアジャイル開発のイテレーションは、ラショナル統一プロセスなどと比べて短期になる傾向があります。
2-8	**1**	カンバンは、リリース時点で実装済みのフィーチャーがリリースされます。
2-9	**3**	スパイラルは、プロトタイプの作成とその評価を繰り返します。
2-10	**2**	テストの原則2：全数テストは不可能で、考慮点には含まれません。
2-11	**4**	テスト対象が、コンポーネントであることからコンポーネントテストです。
2-12	**2**	テストの目的が、相互処理であることから統合テストです。
2-13	**3**	テストの目的が、システムやプロダクト全体であることからシステムテストです。
2-14	**1**	テストの目的が、完成したシステムの妥当性確認と検証であることから受け入れテストです。
2-15	**3**	コンポーネントは、詳細設計に基づいてコードに実装されます。
2-16	**1**	サブシステムの相互作用は、システム設計に基づいて相互作用するサブシステムに実現されます。
2-17	**2**	システムの振る舞いは、ソフトウェア要求仕様に基づいてアプリケーションとして実現されます。
2-18	**4**	受け入れるシステムは、ビジネスプロセスに基づいてシステムで実現されます。
2-19	**2**	対象ユーザーが確認するのが、ユーザー受け入れテストです。
2-20	**1**	運用担当者やシステムアドミニストレーターが確認するのが、運用受け入れテストです。
2-21	**4**	契約について確認するのが、契約による受け入れテストです。
2-22	**3**	政府、法律、安全の基準など規制に合致しているか確認するのが、規制による受け入れテストです。
2-23	**3**	リリース前にユーザーや運用担当者などからフィードバックを受けるのが、アルファテストやベータテストです。

問題	解答	説明
2-24	**4**	機能テストではなく、非機能テストの説明です。
2-25	**3**	非機能テストではなく、ホワイトボックステストの説明です。
2-26	**2**	ホワイトボックステストではなく、非機能テストの説明です。
2-27	**4**	確認テストとリグレッションテストの説明にすべて該当します。
2-28	**1**	リリース前の変更はメンテナンスではありません。
2-29	**4**	影響度分析は、変更を行う前に実施することもあります。

2.3 解説

ソフトウェア開発ライフサイクルモデル　シラバス 2.1

JSTQBのシラバスで分類しているソフトウェア開発ライフサイクルモデルは以下の通りです。

- *シーケンシャル開発モデル*
  - *ウォーターフォールモデル*
  - *V字モデル*
- *インクリメンタル開発モデル*
- *イテレーティブ開発モデル*
  - *ラショナル統一プロセス（RUP）*
  - *スクラム（SCRUM）*
  - *カンバン*
  - *スパイラル（プロトタイピング）*

● シーケンシャル開発モデル（Sequential Development Models）

【問題 2-1】

シーケンシャル開発モデルの“シーケンシャル”とは“順次”という意味で、開発プロセスのフェーズが順番に実行される開発モデルです。一連のフェーズは開発期間中に一度だけ繰り返し、すべてのフィーチャ（特性）がすべて揃ってからユーザーにソフトウェアを提供します。そのためユーザーに提供されるまでに数ヶ月から数年を要します。

JSTQBのシラバスではシーケンシャル開発モデルに含まれる開発モデルとして、ウォーターフォールモデルとV字モデルを取り上げています。

● ウォーターフォールモデル（Waterfall Model）　【問題 2-4】

シーケンシャル開発モデルに分類される代表的な開発モデルがウォーターフォールモデルです。“ウォーターフォール”とは“滝”のことで、**図2-1**の

図2-1：ウォーターフォールモデル

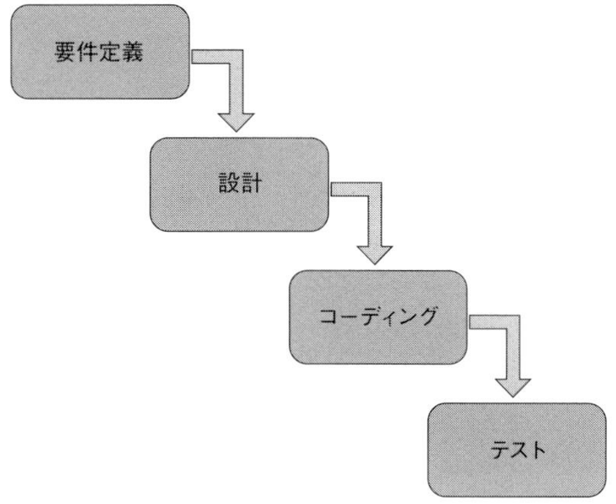

ように滝から水が落ちていくように順番に工程（開発活動）が進むことを意味しています。最後の滝が落ちている先がテストで、他の開発活動が終わってからテストを行います。実際の開発では、各工程で欠陥が見つかると欠陥がある作業成果物の工程まで手戻りしますので、フェーズとしてはテストフェーズ中に要件や設計を変更していることもあります。

● V字モデル（V-model）　　【問題2-5】

シーケンシャル開発モデルのV字モデルは、**図2-2**のようにV字の左上から始まりV字の下に向かってフェーズまたは工程を進めて、中央下から右上にテストを進めていく開発モデルです。水平方向に見ると各テストレベルのテストベースとテスト対象が明確に対応づくようになっています。このことより、左側の工程が順次完了すれば、テストプロセスのテスト分析やテスト設計が開始でき、早期テストを実施できます。例えば要件定義が完了すれば対応するシステムテストのテスト分析やテスト設計が開始できます。

JSTQBのシラバスでは、V字を一度だけなぞるシーケンシャル開発モデルとして位置付けていますが、ソフトウェア工学の書籍によってはV字を開発ライフサイクルの工程を定義するために使い、定義したV字を一度なぞるのか反復的になぞるのかというライフサイクルモデルとは分けて用いる場合もあります。

図2-2：V字モデル

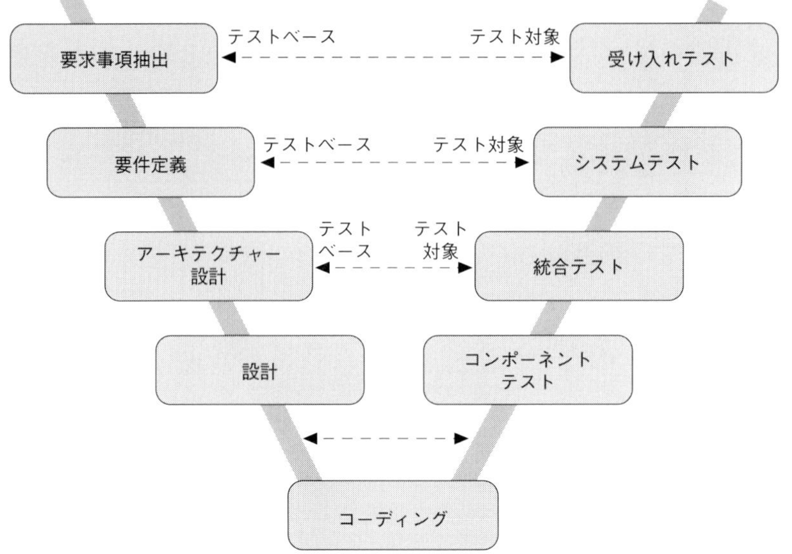

●インクリメンタル開発モデル（Incremental Development Models）

【問題2-2】

シーケンシャル開発モデルと異なり、インクリメンタル開発モデルとイテレーティブ開発モデルは一度に完成させるのではなく繰り返しリリースしながらシステムを完成させていきます。どちらもリリースするフィーチャーに対して必要なテストレベルを実施するだけでなく、リリース済みのフィーチャーに対してもリグレッションテストを実施することが重要になります。インクリメンタル開発モデルとイテレーティブ開発モデルの違いは、要件を実現していくアプローチの違いです。

インクリメンタル開発モデルの“インクリメンタル”は“徐々に増加する”ことを意味し、リリースする単位は機能要件や非機能要件のフィーチャーです。例えば**図2-3**のように、最初のリリースではAとBのフィーチャーを実装したシステムとしてリリースし、次にCのフィーチャーを加えたABCのフィーチャーをリリース、その次にはDとEのフィーチャーを加えたABCDEのフィーチャーをリリースといったようにフィーチャーが増加していきます。実際の開発では、リリース済みのフィーチャーをユーザーが使ってみたら使い

図2-3：インクリメンタル開発モデル

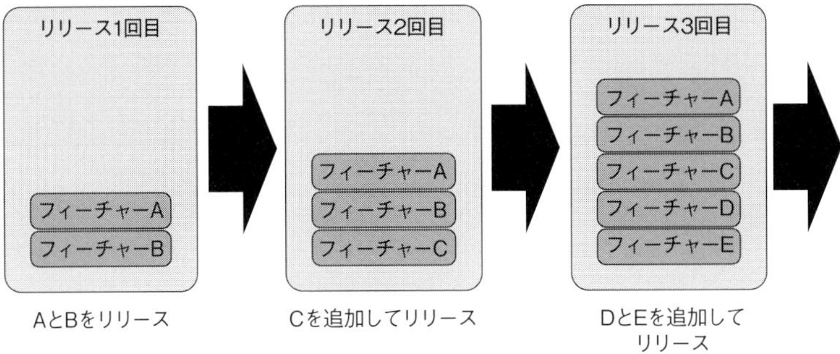

にくく妥当性を満たしていないなど改良のフィードバックがあるので、純粋なインクリメンタル開発モデルよりも、次に述べるイテレーティブ開発モデルの方が多いです。

● イテレーティブ開発モデル（Iterative Development Models）

【問題2-3】

イテレーティブ開発モデルの"イテレーティブ"とは"反復する"という意味で、インクリメンタル開発モデルのフィーチャーを増加させるだけでなく、**図2-4**のようにリリース済みのフィーチャーの改良など変更要求も対応しながら繰り返しリリースしていきます。日本ではイテレーティブ開発を"反復型開発"や"繰り返し開発"、サイクル1回を指す"イテレーション"を"反復"と訳していることがあります。イテレーティブ開発モデルの方法論は、"開発

図2-4：イテレーティブ開発モデル

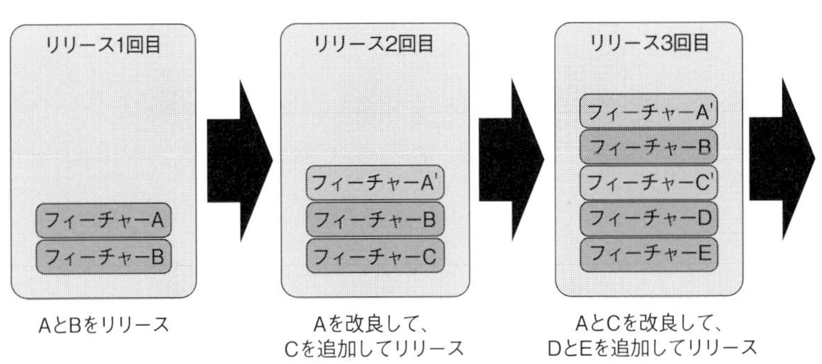

している間にもユーザーや市場の要求は変わり得る”、“ユーザーが使ってみないと気づかない要求がある”という原則に基づいています。アジャイル開発もイテレーティブ開発モデルに含まれ、テストの効率を上げるためにテストの自動化も活用されます。

●ラショナル統一プロセス（Rational Unified Process、RUP）

【問題2-6】

ラショナル統一プロセスは、IBMの開発方法論で**図2-5**のように開発ライフサイクルに“方向づけ”“推敲”“作成”“移行”の4つのフェーズを定義しており、それぞれのフェーズで実行されるイテレーションはフェーズが左から右に進むとフェーズの目的に応じて縦軸の工程（RUPではディシプリンと呼ぶ）の力点が上から下へ移っていきます。アジャイル開発が提唱される前からあるイテレーティブ開発の方法論で、アジャイル開発の方法論より1回のイテレーションの期間は2～3ヶ月と長いのが特徴です。

●スクラム（SCRUM）

【問題2-7】

スクラムは、アジャイル開発のうち普及している開発方法論の1つで、**図**

図2-5：ラショナル統一プロセス

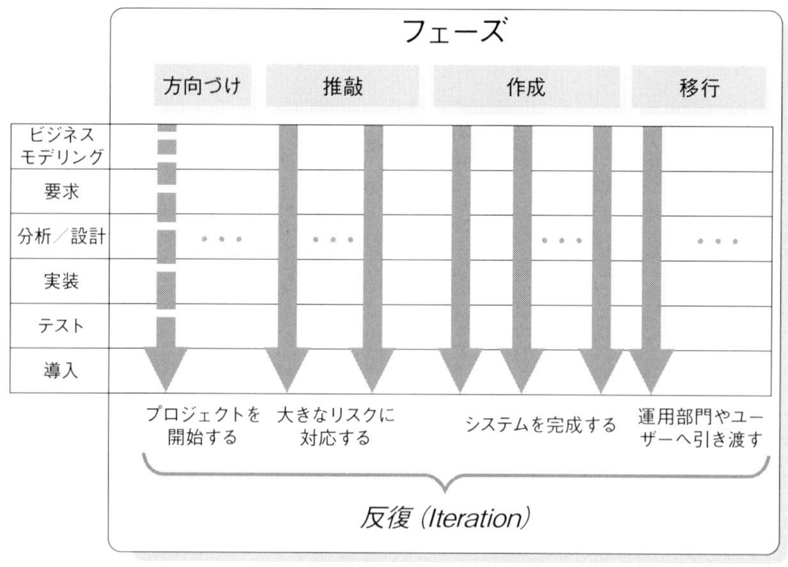

図2-6：スクラム

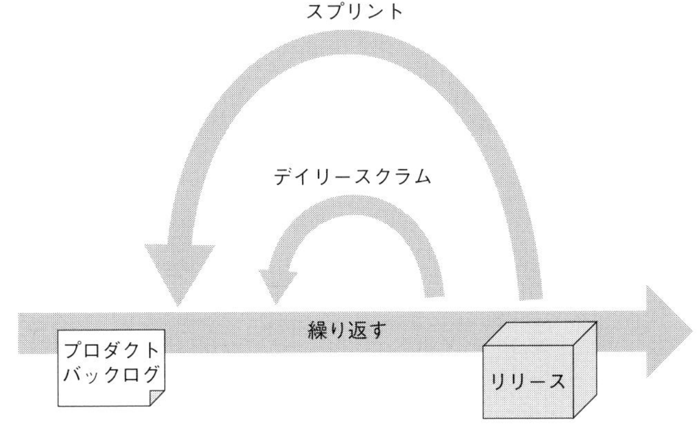

2-6のようにイテレーションは“スプリント”と“デイリースクラム”が対応し、RUPと比較してイテレーションが数時間、数日、数週間と短期間です。フィーチャーはプロダクトオーナーという役割がプロダクトバックログで進捗を管理し、開発する側のスプリントは“スクラムマスター”という役割が管理します。スプリント1回あたりに実現するフィーチャーの数はイテレーションの期間が短いのに比例してRUPと比較すると少なくなりますが、より要求の変化に耐性があるという特徴があります。

●カンバン（Kanban）　【問題2-8】

カンバンは、自動車製造業のプラクティスを応用したもので、フィーチャーや変更要求などの作業を**図2-7**のように“カンバン”や“チケット”という単位で起票し、そのカンバンをToDoリストのように担当者が状況に応じて消化していく方法論です。明確なイテレーションの期間は固定されず、担当者がカンバンのステータスを更新しながら進めます。事前にリリースまでに実装するフィーチャーを決めるというよりも、リリース時期に完成（Done）しているカンバンの量に応じて実装されたフィーチャーや対応した改良が決まる特徴があります。

●スパイラル（Spiral）、プロトタイピング（Prototyping）　【問題2-9】

スパイラル開発（プロトタイピング）は比較的古いイテレーティブ開発で、**図2-8**のように“試作”を繰り返しながらユーザーに要件を確認していくという点に比重が高いため、フィーチャーは“試行錯誤”で大幅に作り直すこともあれば、フィーチャー自体を破棄することもあります。要件が曖昧でユーザー自身も触ってみないとわからない、技術的に実現できるか作ってみないとわからないといったリスクの高いプロジェクトで用いられます。

図2-7：カンバン

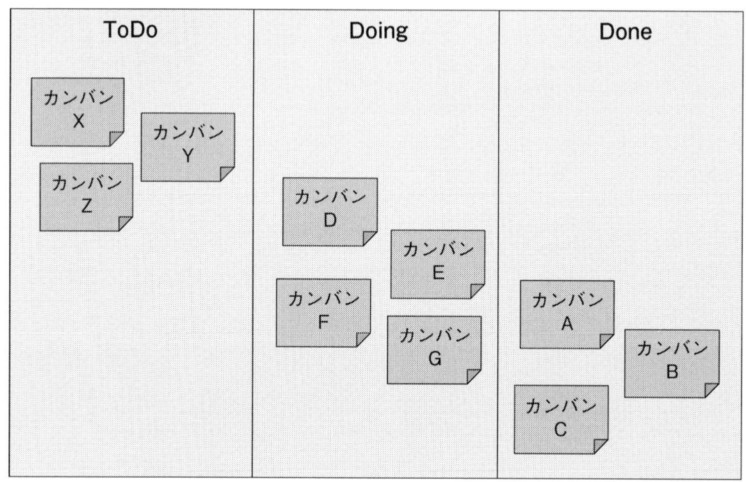

図2-8：スパイラル開発

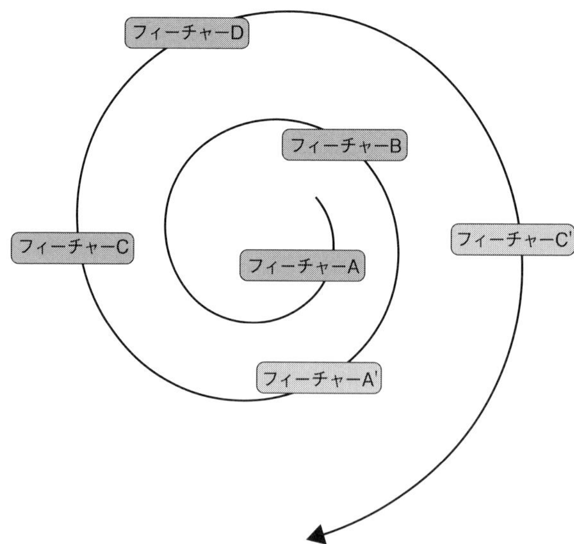

ソフトウェア開発ライフサイクルモデルの選択と調整における考慮点

【問題2-10】

“自分たちは常にスクラムで開発する” というようにソフトウェア開発ライフサイクルモデルを固定するのではなく、「テストの原則6：テストは状況次第」と同様にソフトウェア開発ライフサイクルモデルも状況に応じて選択や調整をするべきです。また、対象システムが分割できる場合は、分割した単位でそれぞれに適したソフトウェア開発ライフサイクルモデルを組み合わせることもできます。

JSTQBのシラバスではソフトウェア開発モデルの選択と調整の考慮点として以下を挙げています。

- *プロジェクトのゴール*
- *開発するプロダクトの種類*
- *ビジネス上の優先度（市場に参入するまでの時間など）*
- *識別したプロダクトリスクおよびプロジェクトリスク*

テストレベル

シラバス2.2

JSTQBのシラバスでは一般的なテストレベルとして、コンポーネントテスト、統合テスト、システムテスト、受け入れテストの4つのテストレベルを挙げています。実際の開発では、採用している開発方法論によって、テストレベルの数も呼び方にも違いがあります。あくまでテストレベルの考え方の基本として4つを理解しておきましょう。

コンポーネントテスト（Component Testing）

【問題2-11、2-15】

コンポーネントテストは、**図2-9**のようにシステムを構成するコンポーネントに対するテストで、開発方法論によってはユニットテスト（単体テスト）、モジュールテストと呼ぶこともあります。テスト対象のコンポーネントはテスト可能な単位で、最小のコンポーネントはオブジェクト指向言語のクラスなどが該当します。テスト可能な単位は、テストマネジメントで必要となるバージョン管理や構成管理も目安になります。

多くの開発方法論ではコーディングとコンポーネントテストとデバッグを合

図2-9：コンポーネントテスト

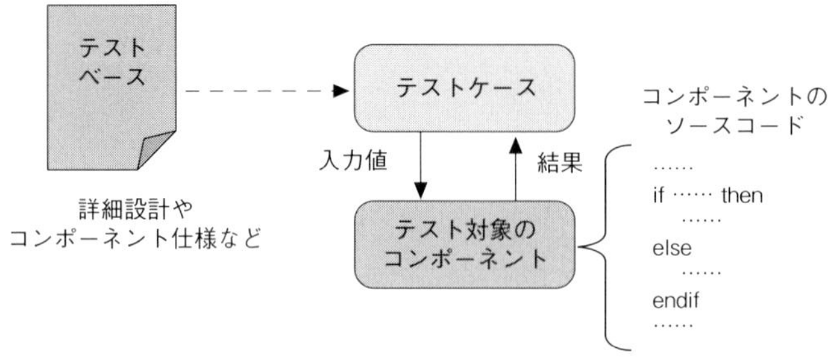

わせて行い、欠陥は速やかに取り除かれます。

アジャイル開発の開発手法の1つであるテスト駆動開発（TDD：Test Driven Development）では、コーディング前にそのテストアイテム（例えばクラス）のテストケースを作成して、テストを自動化します。このアプローチを"テストファースト"と呼びます。

JSTQBのシラバスで挙げているコンポーネントテストのテストベースは以下の通りです。

- *詳細設計*
- *コード*
- *データモデル*
- *コンポーネント仕様*

JSTQBのシラバスで挙げているコンポーネントテストのテスト対象は以下の通りです。

- *コンポーネント、ユニット、またはモジュール*
- *コードとデータ構造*
- *クラス*
- *データベースースモジュール*

●統合テスト（Integration Testing）　【問題2-12、2-16】

コンポーネントとコンポーネント、あるいはシステムとシステムを統合したときに行うのが統合テストで、コンポーネント内部やシステム内部の振る舞いではなく、それぞれの間で相互作用するインターフェースに焦点をあてます（**図2-10**）。JSTQBのシラバスではコンポーネント間の統合テストを"コンポーネント統合テスト"、システム間の統合テストを"システム統合テスト"にテストレベルを分けています。

コンポーネント統合テストは、最小単位のコンポーネントを一度に統合してテストするよりも、段階的に統合と統合テストを行いながら大きなコンポーネントに組み上げていくことにより欠陥の早期発見と原因の特定が効率よく行えます。システム統合テストも同様に一度にすべてのサブシステムを統合して行うのではなく、サブシステムのシステムテストをした後に段階的に統合して行う方が効率よく行えます。

プログラミング言語や設計によってインターフェースは異なり、テスト対象のクラスとクラスのAPIの呼び出しを確認したり、Webサービスの呼び出し（リクエスト／レスポンス）を確認したり相互作用の手段はさまざまです。

正しいデータで呼び出すと正しい結果が返されるかだけでなく、不正なデータが送られたときにも故障せずに仕様通りのエラーコードが返されるかを確認すべきです。

JSTQBのシラバスで挙げている統合テストのテストベースは以下の通りです。

- *ソフトウェア設計とシステム設計*
- *シーケンス図*
- *インターフェースと通信プロトコルの仕様*

図2-10：統合テスト

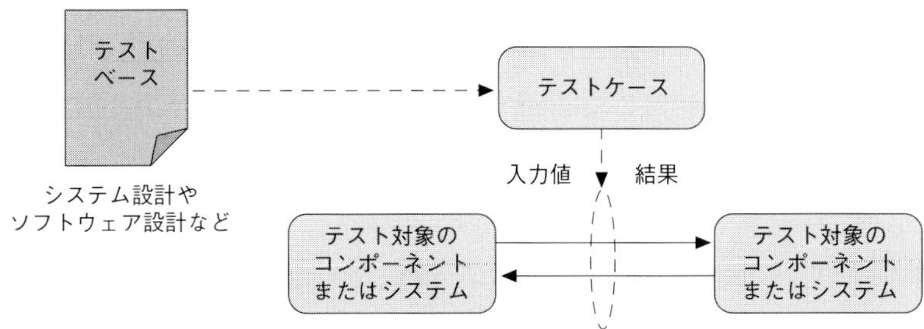

第2章 ソフトウェア開発ライフサイクル全体を通してのテスト

- ユースケース
- コンポーネントレベルまたはシステムレベルのアーキテクチャー
- ワークフロー
- 外部インターフェース定義

統合テストのテストベースとしてユースケースが挙げられているのは、ユーザーインターフェースを担うコンポーネントを統合した際に行う統合テストに用いることが考えられます。

JSTQBのシラバスで挙げている統合テストのテスト対象は以下の通りです。

- サブシステム
- データベース
- インフラストラクチャー
- インターフェース
- API
- マイクロサービス

● システムテスト（System Testing）　【問題2-13、2-17】

稼働するシステムが要件を満たしていることに焦点をあてるのがシステムテストです。システムの内部の振る舞いではなく、システムを使うユーザーから見た機能要件や非機能要件をテストします。したがって、テスト対象にはハードウェアやOS（オペレーティングシステム）も含まれます。

JSTQBのシラバスで挙げているシステムテストのテストベースは以下の通りです。

- システム要求仕様、ソフトウェア要求仕様（機能／非機能）
- リスク分析レポート
- ユースケース
- エピック、ユーザーストーリー
- システム振る舞いのモデル
- 状態遷移図
- システムマニュアル、ユーザーマニュアル

図2-11：システムテスト

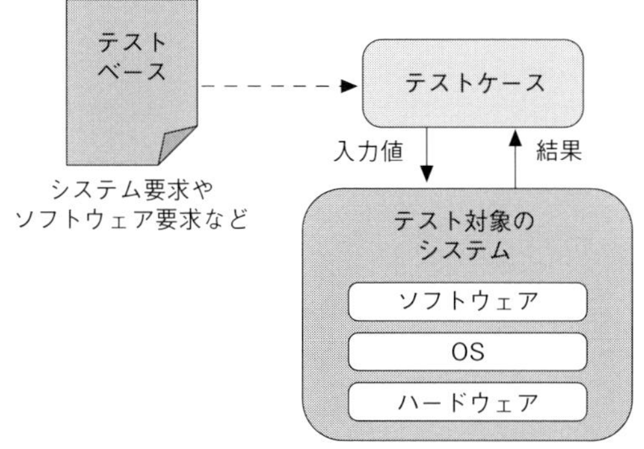

JSTQBのシラバスFoundation Version2018.J03では、上記の例で要件ではなく要求と訳されていますが英語版では同じRequirementです。

JSTQBのシラバスで挙げているシステムテストのテスト対象は以下の通りです。

- アプリケーション
- ハードウェア/ソフトウェアシステム
- オペレーティングシステム
- テスト対象システム（SUT、System Under Test）
- システム構成、構成データ

●受け入れテスト（Acceptance Testing）　【問題2-14、2-18】

受け入れテストは、開発する側ではなく、開発を依頼した顧客やユーザーそれぞれの立場から見て実現されたシステムが妥当であることに焦点をあてます。システムテストとテスト対象の共通点はありますが、テストをする立場が異なることでテストでの関心事に差異があります。

JSTQBのシラバスでは受け入れる立場と目的によって、**図2-12**のようにユーザー受け入れテスト、運用受け入れテスト、契約による受け入れテスト、規制による受け入れテスト、アルファテスト、ベータテストに分けています。外部に開発を委託したプロジェクトでは、受け入れテストは開発プロセスの一部としてだけでなく調達プロセスの一部と見なすこともでき、どこまで時間やコストをかけて受け入れテストを行うのかは委託した側の調達プロセスによって異なります。特に契約受け入れテストや規制受け入れテストは**図2-12**と異

図2-12：受け入れテストの種類

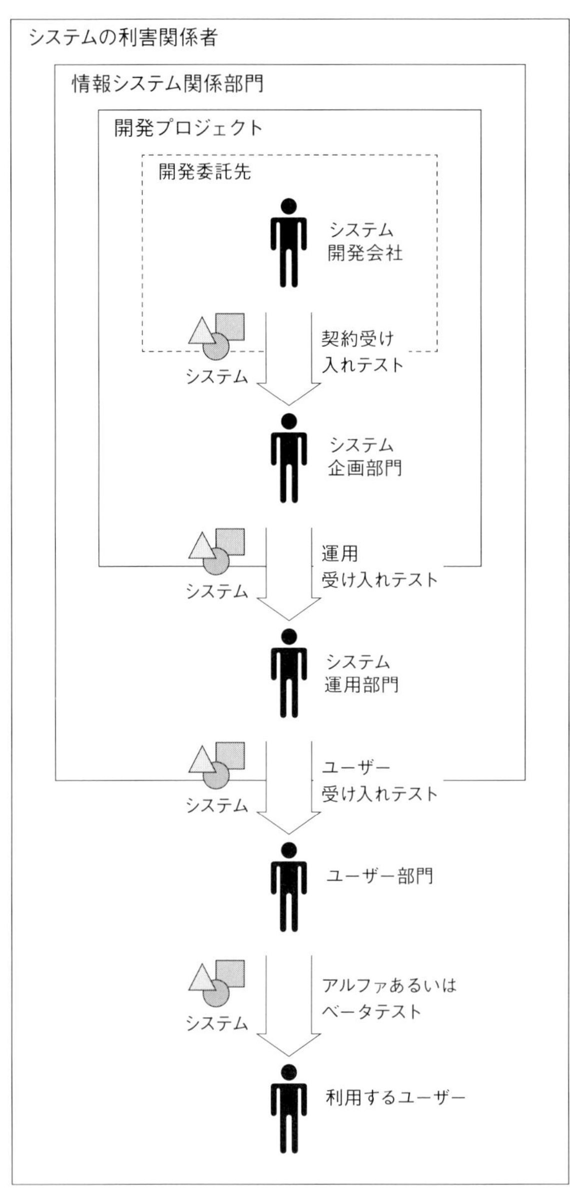

なり、本番リリース前後ということもあります。

JSTQBのシラバスで挙げている受け入れテストのテストベースは以下の通りです。

- *ビジネスプロセス*
- *ユーザー要件またはビジネス要件*
- *規制、法的契約、標準*
- *ユースケース*
- *システム要件*
- *システムドキュメントまたはユーザードキュメント*
- *インストール手順*
- *リスク分析レポート*

JSTQBのシラバスで挙げている受け入れテストのテスト対象は以下の通りです。

- *テスト対象システム*
- *システム構成および構成データ*
- *完全に統合されたシステムのビジネスプロセス*
- *リカバリシステムおよび（ビジネス継続性および災害復旧のテスト用の）ホットサイト*
- *運用プロセスおよびメンテナンスプロセス*
- *書式*
- *レポート*
- *既存または変換（コンバージョン）した本番データ*

JSTQBのシラバスFoundation Version2018.J03では上記の例で書式と訳されていますが、英語版はFormsで書式だけでなく画面の入力フォームや印刷や保存される出力フォームも指していると思われます。

● ユーザー受け入れテスト（User Acceptance Testing、UAT）

【問題2-19】

ユーザー受け入れテストは、ユーザーが想定している業務でシステムを利用した場合に妥当であることに焦点をあてます。一般的には本番環境か本番環境に近い環境で実施し、既存のシステムと置き換える場合は、既存システムをテストオラクルとして並行稼働して結果を比較しながら確認することもあります。ユーザーのニーズや要件を満たして、ユーザーのスキルでも操作でき、コストやリスクも含め業務に支障がでないか、許容範囲で使えるかといったことを確認します。

● 運用受け入れテスト（Operational Acceptance Testing、OAT）

【問題2-20】

運用受け入れテストは、エンドユーザーではなく運用担当者やシステムアドミニストレーターが行い、システムの運用面に焦点をあてます。一般的には本番環境か本番環境に近い環境で実施します。インストール手順、性能やセキュリティなどの非機能要件の確認、運用手順、障害の復旧手順などを確認します。

JSTQBのシラバスで挙げている運用受け入れテスト固有のテストベースは以下の通りです。

- *バックアップ/リストアの手順*
- *災害復旧手順*
- *非機能要件*
- *運用ドキュメント*
- *デプロイメント指示書およびインストール指示書*
- *性能目標*
- *データベースパッケージ*
- *セキュリティ標準または規制*

● 契約による受け入れテスト
（Contractual Regulatory Acceptance Testing）

【問題2-21】

契約による受け入れテストは、開発を外部委託したソフトウェアなどに対して行われ、契約時に合意した契約事項を満たしていることに焦点をあてます。調達プロセスとして調達部門が行うこともあります。

●規制による受け入れテスト（Regulatory Acceptance Testing）

【問題2-22】

規制による受け入れテストは、法律や条例、業界標準、社内基準といった規制を満たしていることに焦点をあてます。外部の機関が行うことや、社内の品質管理部門や品質保証部門が行うことがあります。

●アルファテスト（Alpha Testing）、ベータテスト（Beta Testing）

【問題2-23】

アルファテスト、ベータテストは正式なリリースを行う前に、ユーザーや運用担当者などからフィードバックを受けることに焦点をあてます。他のテストレベルや受け入れテストを終えて、最終的な確認として行うことが多いです。アルファテストとベータテストの違いは、アルファテストが開発組織内で限定されたユーザーが行うのに対して、ベータテストはアルファテストと比較してユーザーが限定されずユーザー自身の環境で行う点が異なります。ゲーム開発の分野では、ゲーム内容に関する機密が多いのでアルファテストを専門に行う企業に委託することがあります。一般消費者向けのアプリケーションでは、ベータ版やプレビュー版としてユーザーを限定することなく公開し、ベータテストをすることがあります。

テストタイプ　シラバス2.3

JSTQBのシラバスでは機能テスト、非機能テスト、ホワイトボックステスト、変更部分のテストの4つにテストタイプを分類しています。機能テストと非機能テストは評価する品質特性、ホワイトボックステストはテスト対象の内部の構造や振る舞い、変更部分のテストは確実に修正されていることの確認をします。すべてのテストタイプは、すべてのテストレベルで実行できます。

●機能テスト（Functional Testing）　【問題2-24】

機能テストはテスト対象の機能要件をテストします。機能要件は、“何ができるのか”あるいは“何をすべきか”を表す要件で、システムテストであればユースケースに記述されているような機能をユーザーに提供できること、コンポーネントテストであればドライバにあたる他のコンポーネントに対して期待結果を返すことができることを評価します。ホワイトボックスと違い、テスト対象内部の構造には着目しません。

テスト条件やテストケースの導出にはブラックボックス技法を使うことができます。ブラックボックス技法については第4章で詳しく述べます。

機能テストの網羅性を評価するのに、機能カバレッジ（Functional Coverage）を用いることができます。機能カバレッジとは、テスト対象に本来備わっている機能の数に対してテストケースが網羅している割合です。

● 非機能テスト（Non-functional Testing）　【問題2-25】

非機能テストはテスト対象の非機能要件をテストします。非機能要件とは、“どのくらい”あるいは“どのように上手く”振る舞うかを表す要件で、コンポーネントやシステムテストの機能適合性、性能効率性、互換性、使用性、信頼性、セキュリティ、保守性、移植性といった品質特性が期待するレベルに達していることを評価します。例えば“サポート対象のデバイスすべてで動作すること”は互換性の非機能テストです。このように非機能要件は◯◯性という品質特性で表されますが、その◯◯性の分類には国際規格ISO/IEC 25010「システム及びソフトウェア品質モデル」の品質特性を枠組みとして用いることができます。ISO/IEC 25010の品質特性の詳細については、コラム「ソフトウェアの品質の国際規格ISO/IEC 25010」（92ページ）を参照してください。非機能テストもホワイトボックステストと違い、テスト対象の内部構造には着目しません。

非機能テストの網羅性を評価するのに、非機能カバレッジ（Non-functional Coverage）を用いることができます。非機能カバレッジとは、テスト対象に本来備わっている非機能要件の数に対してテストケースが網羅している割合です。基本的には機能カバレッジと非機能カバレッジは、要件が機能か非機能かの違いで、考え方は同じです。

● ホワイトボックステスト（White-box Testing）　【問題2-26】

機能テストと非機能テストがテスト対象の内部構造に着目しないのに対し

て、ホワイトボックステストはテスト対象の内部構造に着目します。例えばコンポーネントの内部構造であれば、コードに書かれているif文などの条件分岐やループで構成された構造が含まれます。システムの内部構造であれば、システムアーキテクチャーやワークフローによる構造が含まれます。

ホワイトボックステストの網羅性を評価するのに、構造カバレッジ（Structural Coverage）を用いることができます。テストレベルがコンポーネントテストの場合は、構造カバレッジとしてコードカバレッジが使われ、テスト対象のコードのステートメント数や分岐の数に対してテストケースが網羅している割合を指します。コードカバレッジについては第4章で詳しく述べます。

●変更部分のテスト（Change-related Testing） 【問題2-27】

変更部分のテストは、機能要件の追加や変更、非機能要件の追加や変更、構造のリファクタリング、欠陥の除去などでテスト対象に手が加えられた変更部分に着目します。JSTQBのシラバスでは、このときに実施すべきテストとして“確認テスト”と“リグレッションテスト”を挙げています。

確認テスト（Confirmation Testing）は、変更部分が正しく修正されていることを確認します。欠陥であれば欠陥が確実に修正されていること、機能や非機能の追加や変更であればそれらが正しく行われたことです。既存のテストケースでは見逃していた欠陥であればテストケースを追加します。

リグレッションテスト（Regression Testing）は、変更部分が他の部分に影響を与えていないことを確認します。何かを変更したらその変更のために他の欠陥が起きるといったことはよくあることで、これを“リグレッション”と呼びます。リグレッションは“デグ”、“デグレ”、“デグラデーション（Degradation）”、“デグレード（Degrade）”と呼ばれることもあります。リグレッションテストでは、変更部分以外も含めて既存のテストケースをもう一度確認するため、テストを自動化することが重要となります。

メンテナンス（保守）テスト　シラバス2.4

●メンテナンステスト（Maintenance Testing）と影響度分析

【問題2-28、2-29】

本番リリース後に、機能や非機能の追加や変更、欠陥の修正などのメンテナンスによって新たなリリースが必要なときに行うテストをメンテナンステストと呼びます。リリース前の変更はメンテナンスではありません。テストタイプ“変更部分のテスト”で述べたように、メンテナンスによる変更で他の部分に欠陥が起きないことを確認するためにリグレッションテストを行うことが望ましいです。

JSTQBのシラバスで挙げているメンテナンスの例は以下の通りです。

- *リリース計画などに従った拡張、修正、緊急の変更*
- *運用環境の変更（OS、データベースなど）*
- *COTSソフトウェアのアップグレード*
- *欠陥や脆弱性に対するパッチ*
- *別のプラットフォームへの移行*
- *アプリケーションの廃棄*

COTS（Commercial Off-The-Shelf）ソフトウェアとは既成品のソフトウェアのことで、市販のパッケージ製品などが含まれます。アプリケーションの廃棄では、保管用のバックアップ、稼働していたハードウェアからのアプリケーションやデータの消去などのメンテナンス作業が考えられます。

メンテナンス実施後にその変更が及ぼす影響を識別するために影響度分析を行います。場合によっては、メンテナンス実施の可否を判断するために、変更を行う前に実施することもあります。

JSTQBのシラバスで挙げている影響度分析の活動は以下の通りです。

- *変更により予想される副作用、および変更が影響するシステムの領域を識別する*
- *既存のテストに対する修正が必要な箇所を識別する*

2.4 要点整理

ソフトウェア開発ライフサイクルモデル　シラバス 2.1

- ソフトウェア開発ライフサイクルモデル：JSTQBのシラバスでは、シーケンシャル開発モデル、インクリメンタル開発モデル、イテレーティブ開発モデルの３種類に分類している。
- シーケンシャル開発モデル：開発プロセスのフェーズが順番に実行される開発モデル。ユーザーに提供されるまでに数ヶ月から数年を要する。
- ウォーターフォールモデル：シーケンシャル開発モデルの１つで、他の開発活動が終わってからテストを行う。
- V字モデル：シーケンシャル開発モデルの１つで、V字型に各開発フェーズがテストレベルと対応しており、早期テストを実施できる。
- インクリメンタル開発モデル：システムの要件を分割し、１回のリリースでは１つ以上のフィーチャーを実装して、リリースを繰り返しながら実装されるフェーチャーが徐々に増加していく。
- イテレーティブ開発モデル：インクリメンタル開発モデルのフィーチャーの増加だけでなく、リリース済みフィーチャーの改良も行う。
- ラショナル統一プロセス：イテレーティブ開発モデルの１つで、１回のイテレーションの期間は２～３ヶ月と長い。
- スクラム：イテレーティブ開発モデルの１つで、アジャイル開発方法論。１回のイテレーションの期間はRUPと比較して数時間、数日、数週間と短期間である。
- カンバン：イテレーティブ開発モデルの１つで、イテレーションの期間が固定されているかにかかわらず、実現したカンバン（フェーチャー）によりリリース内容が決まる。
- スパイラル、プロトタイピング：イテレーティブ開発モデルの１つで、試作を繰り返しながらイテレーションを繰り返す。後続のイテレーションでフィーチャーの大幅な変更や破棄もある。
- ソフトウェア開発ライフサイクルモデルの選択と調整における考慮点：プロ

ジェクトのゴール、開発するプロダクトの種類、ビジネス上の優先度、プロダクトリスク、プロジェクトリスクなどを考慮してソフトウェア開発ライフサイクルモデルを選択や調整すべきである。

テストレベル　シラバス2.2

- テストレベル：一般的なテストレベルにはコンポーネントテスト、統合テスト、システムテスト、受け入れテストの4種類がある。
- コンポーネントテスト：システムを構成するコンポーネントに対するテストで、ユニットテスト（単体テスト）、モジュールテストとも呼ばれる。多くの開発方法論ではコーディングとコンポーネントテストとデバッグを合わせて行い、欠陥は速やかに取り除かれる。
- 統合テスト：統合されたコンポーネントやシステムに対して実施する。コンポーネントやシステム内部の振る舞いではなく、それぞれの間で相互作用するインターフェースに焦点をあてる。
- コンポーネント統合テスト：統合テストの1つで、コンポーネント間で相互作用するインターフェースに焦点をあてた統合テストのこと。
- システム統合テスト：統合テストの1つで、複数のサブシステムなどシステム間で相互作用するインターフェースに焦点をあてた統合テストのこと。
- システムテスト：システムの内部の振る舞いではなく、システムを使うユーザーから見た機能要件や非機能要件をテストする。テスト対象にはハードウェアやOSも含まれる。
- 受け入れテスト：開発を依頼した顧客やユーザーがそれぞれの立場で実現されたシステムが妥当であることに焦点をあてたテスト。ユーザー受け入れテスト、運用受け入れテスト、契約による受け入れテスト、規制による受け入れテスト、アルファテスト、ベータテストに分類している。
- ユーザー受け入れテスト：受け入れテストの1つで、利用するユーザーが想定している業務でシステムを使用した場合に妥当であることに焦点をあてる。
- 運用受け入れテスト：受け入れテストの1つで、運用担当者やシステムアドミニストレーターが行い、システムの運用面に焦点をあてる。
- 契約による受け入れテスト：受け入れテストの1つで、開発の外部委託などで契約時に合意した契約事項を満たしていることに焦点をあてる。

- 規制による受け入れテスト：受け入れテストの1つで、法律や条例、業界標準、社内基準といった規制を満たしていることに焦点をあてる。
- アルファテスト：受け入れテストの1つで、開発組織内で限定されたユーザーからフィードバックを受けることに焦点をあてる。
- ベータテスト：受け入れテストの1つで、アルファテストと比較してより幅広いユーザーからフィードバックを受けることに焦点をあてる。

テストタイプ　シラバス2.3

- テストタイプ：機能テスト、非機能テスト、ホワイトボックステスト、変更部分のテストの4つにテストタイプを分類している。
- 機能テスト：テスト対象の機能要件をテストする。
- 非機能テスト：機能適合性、性能効率性、互換性、使用性、信頼性、セキュリティ、保守性、移植性といった品質特性（非機能要件）をテストする。
- ホワイトボックステスト：テスト対象の内部構造をテストする。
- 変更部分のテスト：要件の追加や変更、欠陥の除去などでテスト対象に手が加えられた変更部分をテストする。確認テストとリグレッションテストが含まれる。
- 確認テスト：変更部分が正しく修正されていることを確認する。
- リグレッションテスト：変更部分が変更部分以外に影響を与えていないことを確認する。

メンテナンス（保守）テスト　シラバス2.4

- メンテナンステスト：本番リリース後に、機能や非機能の追加や変更、欠陥の修正などのメンテナンスによって新たなリリースが必要なときに行うテストのこと。
- メンテナンスの影響度分析：変更により影響が予想されるシステムの領域を識別し、既存のテストに対する修正が必要な箇所を識別する。メンテナンス前に実施することも後に実施することもある。
- COTSソフトウェア：既成品のソフトウェアのこと。

コラム ソフトウェアの品質の国際規格 ISO/IEC 25010

ここでは、JSTQBが非機能テストの特性の例として参照している国際規格ISO/IEC 25010「System and software quality models」について解説します。ISO/IEC 25010は、JIS X 25010「システム及びソフトウェア品質モデル」として日本産業規格にも採用されています。2019年現在、日本産業標準調査会のWebサイト（https://www.jisc.go.jp）で、無料で全文を閲覧できます。

この規格はISO/IEC 250XX「システム及びソフトウェア製品の品質要求及び評価」、原文では「Systems and software Quality Requirements and Evaluation」略してSQuaRE（スクエア）というシステムとソフトウェアの品質に関する規格のシリーズを構成する1つです。

ISO/IEC 25010は、システムやソフトウェアの品質特性の枠組みとなるように網羅的に分類しており、要件定義やテストで「要件の漏れはないか？」「実現された要件は妥当か？」といったチェックに利用できます。

ISO/IEC 25010では、品質特性の説明に“度合い”（degree）という表現を用いています。これは品質特性が、単に機能の有無で測れるものではなく、“どのくらい”高い／低い、できる／できないといったメトリクス（尺度）で定義されるものだからです。

ISO/IEC 25010では、システムとソフトウェアの品質特性を「利用時の品質」「外部品質」「内部品質」という大きく3つの観点で分類し、**図A-1**のような関係になっています。ソフトウェアテストと特に関係があるのは外部品質と内部品質で、利用時の品質は本番リリース後に一定の期間利用して得られる品質特性です。

利用時の品質

利用時の品質（Quality in Use）は、システムやソフトウェアをユーザーが実際に利用したときの品質で、業務の改善目標や業務要件などを指します。ユーザーが実際に利用したときの品質ですので、開発中ではなく本番稼働後に業務でそのシステムを利用することによって測定できる品質です。したがって、ソフトウェアだけでなく、ソフトウェアが稼働するハードウェア、設備や

図A-1：利用時の品質、外部品質、内部品質の関係

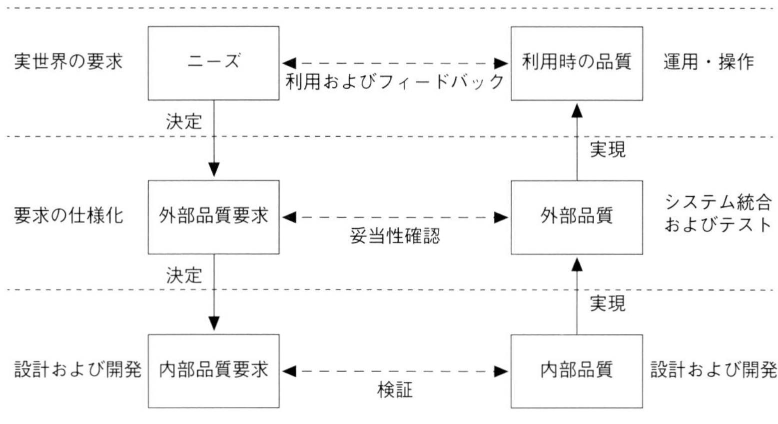

図A-2：利用時の品質

環境、ユーザーの能力なども含めた総合的な品質になります。利用時の品質は、**図A-2**のように5つの品質特性に分類しています。

有効性（Effectiveness）

システムまたはソフトウェアをユーザーが利用したときに、正確かつ完全に、目標を達成できる度合いです。

効率性（Efficiency）

システムまたはソフトウェアをユーザーが利用したときに、許容された資源を使って有効性に挙げた品質を達成するために消費する資源の度合いです。資源には人、設備、材料なども含まれます。業務でそれら資源にかかるコストや

時間から算出できる生産性指標は効率性を測るメトリクスの例です。

満足性（Satisfaction）

システムまたはソフトウェアをユーザーが利用したときに、ユーザーが満足する度合いです。ユーザーに対して適切な支援（機能）を提供するだけでなく、満足するような対話（ユーザーインターフェース）を行えることが含まれます。以下の4つの品質副特性に分類しています。

- **実用性**（Usefulness）

ユーザーが利用したときに、ユーザーの使用結果や使用状況など、実用上の目標に対して認知できる成果として現れる満足の度合いです。

- **信用性**（Trust）

ユーザーやステークホルダーが、その製品またはシステムが意図した通りに動作すると確信する度合いです。

- **快感性**（Pleasure）

ユーザーの個人的なニーズを満たすことによって得られる喜びの度合いです。

- **快適性**（Comfort）

ユーザーが物理的に快適なこと（Physical Comfort）に満足する度合いです。

リスク回避性（Freedom From Risk）

経済、健康と安全、環境という3つのリスクの側面から3つの品質副特性に分類しています。

- **経済リスク緩和性**（Economic Risk Mitigation）

意図した利用状況下で、財政状態、効率的運用（Efficient Operation）、商業資産（Commercial Property）、評判、その他の資源に対する潜在的なリスクを緩和する度合いです。社会でITが担う重要性が高まり、現在はシステムやソフトウェアへのサイバー攻撃が発端となり、企業の経営破綻や経済問題に発展するような事件が起きています。

- **健康・安全リスク緩和性**（Health and Safety Risk Mitigation）

意図した利用状況下で、人々の健康や安全に対する潜在的なリスクを緩和する度合いです。

- **環境リスク緩和性**（Environmental Risk Mitigation）

意図した利用状況下で、環境に対する潜在的なリスクを緩和する度合いです。

利用状況網羅性（Context Coverage）

ここまでに挙げた品質特性が意図した状況下と当初想定していなかった利用状況下の両方で、どれだけ利用できるかの度合いです。

- **利用状況完全性**（Context Completeness）

意図した利用状況下で、どれだけ有効性、効率性、満足性、リスク回避性を伴って利用できるかの度合いです。

- **柔軟性**（Flexibility）

当初想定していなかった利用状況下で、どれだけ有効性、効率性、満足性、リスク回避性を伴って利用できるかの度合いです。

外部品質と内部品質

外部品質（External Quality）は対象のシステムまたはソフトウェアを実行することによって測定できる品質特性で、内部品質（Internal Quality）は実行しないでも測定できる品質特性です。ソフトウェアテストにおいては、外部品質は動的テスト、内部品質は静的テストで確認できると考えれば良いでしょう。外部品質も内部品質も、**図A-3**のように同じ8つの品質特性と31の品質副特性に分類されています。

機能適合性（Functional Suitability）

対象のシステムまたはソフトウェアがユーザーニーズをどれだけ満たしている度合いです。

- **機能完全性**（Functional Completeness）

ユーザーの必要としている機能がどれだけそろっているかの度合いです。

図A-3：外部品質／内部品質

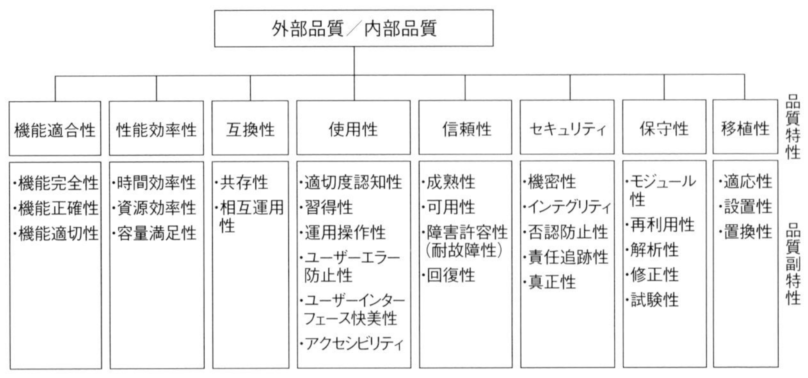

- **機能正確性**（Functional Correctness）

必要とされる正しさで実行できる度合いです。画面や帳票でユーザーに提供する計算結果が正しいというだけでなく、端数の扱いなど業務で必要とされる精度で計算されていることも含みます。

- **機能適切性**（Functional Appropriateness）

ユーザーの目的に機能が一致している度合いです。機能が足りないということは、機能適切性が低いということです。

性能効率性（Performance Efficiency）

指定された条件下で、対象のシステムやソフトウェアがメモリやハードディスクなどのコンピュータ資源を適切に利用し、期待されるパフォーマンスを提供できる度合いです。

- **時間効率性**（Time Behavior）

指定された条件下で、適切な応答時間、処理時間、スループットで機能を実行できる度合いです。

- **資源効率性**（Resource Utilization）

指定された条件下で、メモリやハードディスクなどのコンピュータ資源を適切な範囲で利用できる度合いです。

- **容量満足性**（キャパシティ、Capacity）

データ登録件数、同時接続ユーザー数、処理件数などの必要とされる最大のキャパシティを満たすかの度合いです。

互換性（コンパチビリティ、Compatibility）

他のシステムやコンポーネントとのデータのやりとりや、要求された機能がどれだけできるかの度合いです。

- **共存性**（Co-Existence）

同じ環境で他のシステムまたはソフトウェアと共存できる度合いです。対象のソフトウェアをインストールしたら、その影響で他のソフトウェアが動かなくなるというのは、共存性が低いということです。

- **相互運用性**（インターオペラビリティ、interoperability）

他のシステムやコンポーネントとデータを相互にやりとりをし、受け取ったデータを使用できるかの度合いです。データ転送やリモート処理の依頼などさまざまな相互接続が該当します。

使用性（ユーザービリティ、usability）

対象のシステムやソフトウェアがユーザーにいかに使いやすいかの度合いです。単にユーザーインターフェースがわかりやすいだけが使用性ではありません。

- **適切度認知性**（Appropriate Recognizability）

正しい使い方を、ユーザーがいかに容易に理解できるかの度合いです。

- **習得性**（Learnability）

使い方などを、ユーザーがいかに容易に学習できるかの度合いです。ユーザーマニュアルやオンラインヘルプなどソフトウェアに付属するものも含まれます。

- **運用操作性**（Operability）

どれだけ操作（オペレーション）がしやすいかの度合いです。運用担当者の運用のしやすさだけではありませんので注意してください。

- **ユーザーエラー防止性**（User Error Protection）

ユーザーが操作ミスを起こさないようになっているかの度合いです。

- **ユーザーインターフェース快美性**（User Interface Aesthetics）

ユーザーにとっていかに魅力があるかの度合いです。ユーザーをひきつけるような画面のデザインやシステムとの対話が該当します。

- **アクセシビリティ**（Accessibility）

どれだけ幅広いユーザー層が目的を達成できるかの度合いです。PCやスマートフォンに“アクセシビリティの設定”が機能として用意されていることもあります。住居の“バリアフリー”と意味が近い用語です。

信頼性（Reliability）

対象のシステムやソフトウェアがパフォーマンスをどれだけ維持できるかの度合いです。ハードウェアも含めたシステムテストで確認されることが多い品質特性です。

- **成熟性**（Maturity）

故障（機能停止）しない度合いです。開発の現場で「このソフトはバグが枯れている」といった表現が使われることがありますが、そのどれだけ枯れているかを指します。成熟性を表す指標として故障から次の故障までの時間を表すMTBF（平均故障間隔）が用いられることがあります。

- **可用性**（アベイラビリティ、Availability）

使いたいときにどれだけ使えるかの度合いです。例えば、毎週日曜日夜は保守で停止しているネット銀行のシステムよりも24時間365日使えるシステムの方が可用性は高いと言えます。

- **障害許容性**（耐故障性、フォールトトレランス、Fault Tolerance）

故障が起きても機能を提供し続けることができる度合いです。例えば、欠陥によってどれかのコンポーネントが落ちてもソフトウェア全体としては落ちない能力が該当します。障害許容性を高めるために、稼働するデータセンターやハードウェアなどを冗長構成にすることがあります。

- **回復性**（Recoverability）

故障で機能停止した機能が正常に回復できる度合いです。例えば、欠陥により機能停止した後に、どれだけ速やかに正常に復旧するかが該当します。回復性を表す単位として1回の修理にかかる平均時間を表すMTTR（平均復旧時間）が用いられることがあります。

セキュリティ（Security）

人や他のシステムが、許可された権限の種類や水準に応じたデータアクセスができることや、許可されていないアクセスからデータを保護できる度合いです。

- **機密性**（Confidentiality）

“守秘性”と訳されることもあります。“機密”にすべき機能や情報を、認可されたユーザーだけがアクセスできる度合いです。

- **インテグリティ**（Integrity）

“完全性”や“整合性”と訳されることもあります。認可されていないアクセスによって情報を参照されたり、変更されたりすることから、どれだけ守れるかの度合いです。機密性とよく似ていますが、機密性はアクセスすべき人だけがアクセスできる度合い、インテグリティはアクセスしてはいけない人がアクセスできない度合いで、裏返しの関係にあります。

- **否認防止性**（Non-Repudiation）

機能の実行やデータの変更などのアクションやイベントを後で“そのような操作をやっていない”と否認された場合に、どれだけやったことを証明できるかの度合いです。

- **責任追跡性**（Accountability）

例えば、データがいつ・だれに・どのように変更されたかをどれだけトレースできるかの度合いです。

- **真正性**（Authenticity）

例えば領収書のデータが確かにその発行元からのものであり、改ざんされていないということをどれだけ証明できるかの度合いです。電子化された契約書などのドキュメントで、電子署名されたものは、電子署名されていないドキュメントよりも真正性が高いと言えます。

保守性（Maintainability）

対象のシステムやソフトウェアの欠陥の修正、実行環境の変更、機能の変更などメンテナンスのやりやすさの度合いです。

- **解析性**（Analyzability）

故障が発生した際に、その原因判別や修正箇所の特定のしやすさの度合いです。

- **変更性**（Changeability）

修正のやりやすさの度合いです。スマートフォンのアプリのようにオンラインでアップデートできるソフトウェアは変更性が高いと言えます。

- **安定性**（Stability）

保守で生じたある修正が、他の箇所に及ばないで済むかという度合いです。スパゲッティプログラムのシステムは、安定性が低く、あちらを直せばこちらがおかしくなるといった、モグラ叩きのような安定性になっていることがあります。

- **試験性**（テスタビリティ、Testability）

保守でのテストのしやすさの度合いです。試験性が低いと、テストにかかる手間や期間も増えます。

移植性（ポータビリティ、Portability）

対象のシステムやソフトウェアを他のプラットフォームに移植することを“ポーティング”と言いますが、この品質特性はその移植のしやすさの度合いです。

- **適応性**（Adaptability）

別の環境へ移すときにどのくらいの手間がかかるかという度合いです。OSに依存するプログラミング言語で書かれたプログラムの方が、Pythonのような幅広いOSで動くプログラミング言語で書かれたプログラムよりも適応性が低いと言えます。

- **設置性**（Installability）

指定された環境へのインストールのやりやすさの度合いです。スマートフォンのアプリのようにユーザー自身がストアで購入するだけでダウンロードからインストールまでできるソフトウェアは設置性が高いと言えます。

- **置換性**（Replaceability）

同じ環境で、同じ目的を持った他のシステムまたはソフトウェアと置き換えられる能力の度合いです。古いバージョンや競合製品の設定やデータがそのまま利用できるソフトウェアは置換性が高いと言えます。

第3章

静的テスト

テストには、静的テストと動的テストがあり、レビューは静的テストの1つです。

JSTQBのシラバスでは、レビュープロセスを計画、開始、個々のレビュー、懸念事項の共有と分析、修正と報告の5つの活動に分類し、レビューにおける役割を作成者、マネージャー、ファシリテーター、レビューリーダー、レビューア、書記の6つの役割に分類しています。また一般的なレビュータイプとして、非形式的レビュー、ウォークスルー、テクニカルレビュー、インスペクションの4つ、レビュープロセスの個々のレビューで用いるレビュー技法として、アドホックレビュー、チェックリストベースドレビュー、シナリオベースドレビュー、ロールベースドレビュー、パースペクティブベースドリーディングの5つを挙げています。

本章では、上記のレビュープロセス、レビューの役割、レビュータイプ、個々のレビューでのレビュー技法、レビューの成功要因について理解していきます。

3.1 問題

※解答は111ページ、解説は112ページ

問題3-1

FL-3.1.1 K1

静的テストを用いるのが適切ではないものは？

□ (1) ビジネス要件や機能要件などの仕様
□ (2) 受け入れ基準
□ (3) アーキテクチャーや設計の仕様
□ (4) メモリリーク

問題3-2

FL-3.1.2 K2

静的テストのメリットとして適切ではないものは？

□ (1) 開発ライフサイクルの初期に適用すると動的テストを実行する前に欠陥を早期に検出できる
□ (2) レビューと併用すると効果が上がる
□ (3) 開発にかかるコストと時間を削減できる
□ (4) 設計時またはコーディング時に欠陥が混入するのを防止できる

問題3-3

FL-3.1.3 K2

静的テストよりも動的テストが検出できる欠陥の例は？

□ (1) 要件の不整合、曖昧性、矛盾、欠落、不正確性、冗長性
□ (2) 非効率なアルゴリズムやデータベース構造、高い結合度、低い凝集度などの設計の欠陥

□ (3) 仕様を満たしていない処理性能

□ (4) 値が代入されていない変数、宣言されているが使用されない変数、到達不能コード、重複したコード

問題3-4

FL-3.2.1 K2

レビュープロセスの計画で行う活動は？

□ (1) 作業成果物のすべてまたは一部をレビューする

□ (2) 識別した潜在的な欠陥について、レビューミーティングなどで議論する

□ (3) レビューの目的やレビュー対象のドキュメントを定義する

□ (4) 参加者に作業成果物を配布する

問題3-5

FL-3.2.1 K2

レビュープロセスの開始で行う活動は？

□ (1) 作業成果物のすべてまたは一部をレビューする

□ (2) レビューの目的やレビュー対象のドキュメントを定義する

□ (3) 識別した潜在的な欠陥について、レビューミーティングなどで議論する

□ (4) 参加者に作業成果物を配布する

問題3-6

FL-3.2.1 K2

レビュープロセスの個々のレビューで行う活動は？

□ (1) 作業成果物のすべてまたは一部をレビューする

□ (2) レビューの目的やレビュー対象のドキュメントを定義する
□ (3) 識別した潜在的な欠陥について、レビューミーティングなどで議論する
□ (4) 参加者に作業成果物を配布する

問題3-7

FL-3.2.1 K2

レビュープロセスの懸念事項の共有と分析で行う活動は？

□ (1) レビュータイプ、役割、活動、チェックリストなどレビュー特性を識別する
□ (2) 品質特性を評価し、文書化する
□ (3) レビューについての参加者からの質問に答える
□ (4) 欠陥レポートを作成する

問題3-8

FL-3.2.1 K2

レビュープロセスの修正と報告で行う活動は？

□ (1) レビュータイプ、役割、活動、チェックリストなどレビュー特性を識別する
□ (2) 品質特性を評価し、文書化する
□ (3) レビューについての参加者からの質問に答える
□ (4) 欠陥レポートを作成する

問題3-9

FL-3.2.2 K1

形式的レビューでの作成者の責務として適切なものは？

□ (1) 責任を持ってレビューの計画を行う

□ (2) レビューに関して全体的な責任を持つ

□ (3) 開催時に効果的なレビューミーティングを運営する

□ (4) レビュー対象の作業成果物を作成する

問題3-10

FL-3.2.2 K1

形式的レビューでのマネージャーの責務として適切なものは？

□ (1) 責任を持ってレビューの計画を行う

□ (2) レビューに関して全体的な責任を持つ

□ (3) 開催時に効果的なレビューミーティングを運営する

□ (4) レビュー対象の作業成果物を作成する

問題3-11

FL-3.2.2 K1

形式的レビューでのファシリテーターの責務として適切なものは？

□ (1) 責任を持ってレビューの計画を行う

□ (2) レビューに関して全体的な責任を持つ

□ (3) 開催時に効果的なレビューミーティングを運営する

□ (4) レビュー対象の作業成果物を作成する

問題3-12

FL-3.2.2 K1

形式的レビューでのレビューリーダーの責務として適切なものは？

□ (1) 責任を持ってレビューの計画を行う

□ (2) レビューに関して全体的な責任を持つ

□ (3) 開催時に効果的なレビューミーティングを運営する
□ (4) レビュー対象の作業成果物を作成する

問題3-13

FL-3.2.2 K1

形式的レビューでのレビューアの責務として適切なものは？

□ (1) レビュー対象の作業成果物の必要な欠陥を修正する
□ (2) レビューの実行を決定する
□ (3) レビュー対象の作業成果物の欠陥を識別する
□ (4) 必要なさまざまな意見の調整を行う

問題3-14

FL-3.2.2 K1

形式的レビューでの書記の責務として適切なものは？

□ (1) レビューで見つかった潜在的な欠陥を照合する
□ (2) テストの担当者、予算、時間を割り当てる
□ (3) レビューの参加者を人選し、開催する期間と場所を決定する
□ (4) 参加者それぞれの異なる観点でレビューを行う

問題3-15

FL-3.2.3 K2

レビュータイプ「非形式的レビュー」の特徴として適切なものは？

□ (1) レビュープロセスは文書化されていない
□ (2) 作成者ではなく経験を積んだモデレーターが主導するのが理想である
□ (3) ルールやチェックリストに基づいたプロセスで進行し、形式に沿っ

たドキュメントを作成する
- □ (4) 典型的には作業成果物の作成者がレビューミーティングを主導する

問題3-16

FL-3.2.3 K2

レビュータイプ「ウォークスルー」の特徴として適切なものは？

- □ (1) レビュープロセスは文書化されていない
- □ (2) 作成者ではなく経験を積んだモデレーターが主導するのが理想である
- □ (3) ルールやチェックリストに基づいたプロセスで進行し、形式に沿ったドキュメントを作成する
- □ (4) 典型的には作業成果物の作成者がレビューミーティングを主導する

問題3-17

FL-3.2.3 K2

レビュータイプ「テクニカルレビュー」の特徴として適切なものは？

- □ (1) レビュープロセスは文書化されていない
- □ (2) 作成者ではなく経験を積んだモデレーターが主導するのが理想である
- □ (3) ルールやチェックリストに基づいたプロセスで進行し、形式に沿ったドキュメントを作成する
- □ (4) 典型的には作業成果物の作成者がレビューミーティングを主導する

問題3-18

FL-3.2.3 K2

レビュータイプ「インスペクション」の特徴として適切なものは？

□ (1) レビュープロセスは文書化されていない
□ (2) 作成者ではなく経験を積んだモデレーターが主導するのが理想である
□ (3) ルールやチェックリストに基づいたプロセスで進行し、形式に沿ったドキュメントを作成する
□ (4) 典型的には作業成果物の作成者がレビューミーティングを主導する

問題3-19

FL-3.2.4 K3

レビュー技法「アドホックレビュー」の特徴として適切なものは？

□ (1) 作業成果物に対して「ドライラン」を行う
□ (2) 体系的に行われ、レビューアはレビューの開始時に配布されるチェックリストを使って懸念事項を検出する
□ (3) レビューアは個々のステークホルダーの役割の観点から作業成果物を評価する
□ (4) レビューの進め方に関するガイダンスがほとんどまたはまったく提供されない

問題3-20

FL-3.2.4 K3

レビュー技法「チェックリストベースドレビュー」の特徴として適切なものは？

□ (1) 作業成果物に対して「ドライラン」を行う
□ (2) 体系的に行われ、レビューアはレビューの開始時に配布されるチェックリストを使って懸念事項を検出する
□ (3) レビューアは個々のステークホルダーの役割の観点から作業成果物を評価する
□ (4) レビューの進め方に関するガイダンスがほとんどまたはまったく提供されない

問題3-21

FL-3.2.4 K3

レビュー技法「シナリオベースドレビュー」の特徴として適切なものは？

□ (1) 作業成果物に対して「ドライラン」を行う
□ (2) 体系的に行われ、レビューアはレビューの開始時に配布されるチェックリストを使って懸念事項を検出する
□ (3) レビューアは個々のステークホルダーの役割の観点から作業成果物を評価する
□ (4) レビューの進め方に関するガイダンスがほとんどまたはまったく提供されない

問題3-22

FL-3.2.4 K3

レビュー技法「ロールベースドレビュー」の特徴として適切なものは？

□ (1) 作業成果物に対して「ドライラン」を行う
□ (2) 体系的に行われ、レビューアはレビューの開始時に配布されるチェックリストを使って懸念事項を検出
□ (3) レビューアは個々のステークホルダーの役割の観点から作業成果物を評価する
□ (4) レビューの進め方に関するガイダンスがほとんどまたはまったく提供されない

問題3-23

FL-3.2.4 K3

レビュー技法「パースペクティブベースドリーディング」の特徴として適切なものは？

□ (1) レビューアのスキルに大きく依存する

□ (2) 例えば要件仕様について暫定的な受け入れテストを作成して、必要な情報がすべて含まれていることを確認する

□ (3) 典型的な欠陥の種類を体系的にカバーできる

□ (4) シナリオは、チェックリストでチェックするよりも特定のタイプの欠陥を識別するガイドラインとなる

問題3-24

FL-3.2.5 K2

レビューの成功要因として適切ではないものは？

□ (1) レビュー計画時に、明確な目的を定義する

□ (2) 参加者のためにできるだけ短い時間で実施する

□ (3) 適切なレビュータイプを選択する

□ (4) 適切なレビュー技法を用いる

3.2 解答

問題	解答	説明
3-1	**4**	メモリリークの検出は、静的テストよりも動的テストの方が容易です。
3-2	**2**	レビューも静的テストです。
3-3	**3**	処理性能など非機能要件のテストは、動的テストの方が容易です。
3-4	**3**	計画で、レビューの目的やレビュー対象のドキュメントを定義します。
3-5	**4**	開始で、参加者に作業成果物を配布します。
3-6	**1**	個々のレビューで、作業成果物のすべてまたは一部をレビューします。
3-7	**2**	懸念事項の共有と分析で、品質特性を評価し、文書化します。
3-8	**4**	修正と報告で、欠陥レポートを作成します。
3-9	**4**	作成者が、レビュー対象の作業成果物を作成します。
3-10	**1**	マネージャーが、責任を持ってレビューの計画を行います。
3-11	**3**	ファシリテーターが、開催時に効果的なレビューミーティングを運営します。
3-12	**2**	レビューリーダーが、レビューに関して全体的な責任を持ちます。
3-13	**3**	レビューアが、レビュー対象の作業成果物の欠陥を識別します。
3-14	**1**	書記が、レビューで見つかった潜在的な欠陥を照合します。
3-15	**1**	非形式的レビューは、レビュープロセスは文書化されていません。
3-16	**4**	ウォークスルーでは、作業成果物の作成者がレビューミーティングを主導します。
3-17	**2**	テクニカルレビューでは、作成者ではなく経験を積んだモデレーターが主導するのが理想です。
3-18	**3**	インスペクションでは、ルールやチェックリストに基づいたプロセスで進行し、形式に沿ったドキュメントを作成します。
3-19	**4**	アドホックレビューでは、レビューの進め方に関するガイダンスがほとんどまたはまったく提供されません。
3-20	**2**	チェックリストベースドレビューは体系的に行われ、レビューアはレビューの開始時に配布されるチェックリストを使って懸念事項を検出します。
3-21	**1**	シナリオベースドレビューでは、作業成果物に対してドライランを行います。
3-22	**3**	ロールベースドレビューでは、レビューアは個々のステークホルダーの役割の観点から作業成果物を評価します。
3-23	**2**	パースペクティブベースドリーディングでは、例えば要件仕様について暫定的な受け入れテストを作成して、必要な情報がすべて含まれていることを確認します。
3-24	**2**	参加者に十分な準備時間を与えることは、成功要因の1つです。

3.3 解説

静的テストの基本　シラバス3.1

●静的テスト（Static Testing）　【問題3-1】

テストには、静的テストと動的テストがあります。特に難しい分け方ではなく、私たちはどちらも日常生活で無意識に使い分けています。例えば、あなたが自転車を買うときを想像してください。**図3-1**のように、まず見た目のデザインやカタログに記載されている特徴や仕様を確認するのではないでしょうか。それがまさに静的テストです。次に実際に乗ってみて、自分の感覚にしっくりくるかとか漕ぎやすさを確認するでしょう。それが動的テストです。洋服を買うときはどうでしょう。デザインや素材をマネキンやタグで確認します。これが静的テスト。次に試着室で実際に着てみて、フィット感や似合っているかを確認します。これが動的テストです。このように静的テストはテスト対象を動かさずに確認するテスト、動的テストは動かして確認するテストです。

以上の例をソフトウェア開発に置き換えると、仕様書、基準書、ソースコードなどドキュメントやそれに類するものは静的テストが適しています。メモリリークは、ソフトウェアが動作するときに取得したメモリ領域が不要になった後も開放せずOSのメモリ領域が徐々に占有されていく欠陥で、実際に動かして見ないとわかりにくい欠陥なので動的テストが適していると言えます。

JSTQBのシラバスFoundation Version2018.J03では、静的テスト、静的テスト技法、静的技法といった用語が使われていますが、すべて同義で静的テストが優先される用語です。また第3章のテスト技法（Testing）は第4章のテスト技法（Test Technique）とはまったく別の概念です。詳しくは第4章を参照してください。本章では、混乱を避けるために静的テスト／動的テストに表記を統一しています。

図3-1：静的テストと動的テスト

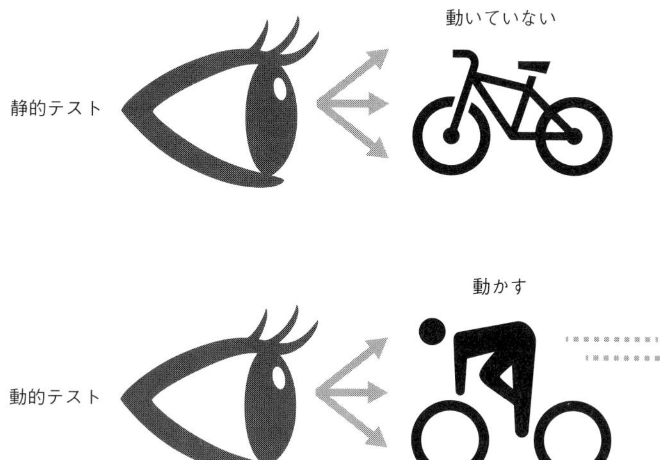

静的テストのメリット 【問題3-2、3-3】

買い物の例の通り、静的テストは試乗や試着をしなくても現物やカタログを見てわかるという点で、動的テストよりも前に行う方が効率的なのが想像できると思います。買い物で逆にやるとどうでしょう。目隠しをして自転車に試乗や服を試着した後にデザインや仕様を見るようなものです。だれもが「先に見せてよ」と思うはずです。

買い物は、テストレベルでいうと受け入れテストにあたります。ソフトウェア開発の要件定義や設計でのレビューのように、もっと前のテストレベルであれば、コーディングなど後続の工程で欠陥が混入することを早期に防止できます。

テスト対象の作業成果物に含まれる文章やコードなどの静的構造を解析することを“静的解析”と呼びます。ソフトウェア開発では、要求仕様を書くときに使うWordの誤字脱字などをチェックする文書校正機能、モデルの整合性をチェックできるモデリングツール、コードのエラーや警告を表示するエディタなどの静的解析を支援するツールも静的テストに含まれます。

JSTQBのシラバスでは静的テストが動的テストよりも効率よく検出できる欠陥の例として以下を挙げています。

- 要件の欠陥（要件の不整合、曖昧、矛盾、欠落、不正確、冗長など）
- 設計の欠陥（非効率なアルゴリズムやデータベース構造、高い結合度、低い凝集度など）
- コードの欠陥（値が代入されていない変数、宣言されているが使用されない変数、到達不能コード、重複したコード）
- 標準からの逸脱（コーディング標準への準拠など）
- 正しくないインターフェース仕様（呼び出し側と呼び出される側のシステムでの相違）
- セキュリティの脆弱性（バッファオーバーフローが発生する可能性など）
- テストベースのトレーサビリティやカバレッジのギャップや不正確さ（受け入れ基準に対するテストケースの欠落など）

レビュープロセス　【問題3-4 ～ 3-8】シラバス3.2

レビューも静的テストです。「テストの原則6：テストは状況次第」で述べた通り、プロジェクトがレビューにかける手間や時間は対象のソフトウェアにより大きく異なります。クリティカルなシステムほど、作業成果物が多くなり、そのレビューも厳密に実施する傾向があります。一方でアジャイル開発では“動くソフトウェア”を重視しており、途中の作業成果物やその形式的レビューは極力省いて進められます。

ここでは形式的なレビューのプロセスについて説明します。このレビュープロセスの全体像を把握しておくと、実務で形式的レビューを円滑に運営することに役立つでしょう。

JSTQBのシラバスでは国際規格ISO/IEC 20246「Software and systems engineering - Work product reviews」に準拠し、レビュープロセスを以下の5つの主要活動に分けています。

- 計画（Planning）
- レビューの開始（Initiate Review）
- 個々のレビュー（Individual Review）
- 懸念事項の共有と分析（Issue Communication and Analysis）
- 修正と報告（Fixing and Reporting）

図3-2：形式的レビューのレビュープロセス

レビューの開始

個々のレビュー

懸念事項の共有と分析

修正と報告

計画	レビューの開始	個々のレビュー	懸念事項の共有と分析	修正と報告
レビューの目的とレビュー対象をもとに、レビュータイプを決める。 参加者、スケジュール、開始基準、終了基準などを計画する。	参加者にレビューの内容を説明し、必要な資料を提供する。参加者からの質問に答える。	それぞれの参加者は担当するレビュー対象をレビューする。気づいた欠陥、提案、質問を書き出す。	参加者が集まりレビューミーティングで議論する。欠陥にオーナーとステータスを割り当てる。レビューの結果が終了基準を満たしているか判定する。	修正が必要な欠陥には欠陥レポートを作成し、修正する。メトリクスを収集する。 修正が終了基準を満たしていることを判定する。

レビューというと会議（レビューミーティング）を真っ先に想像してしまうかもしれませんが、JSTQBのレビュープロセスでは、**図3-2**のようにレビューミーティング開催前に参加者にレビュー対象など資料が配布され、それぞれが担当分をレビューする“個々のレビュー”が含まれています。このレビュープロセスはあくまでレビュープロセスの全体像で、“個々のレビュー”と“懸念事項の共有”でのレビューミーティングを別々に行うかどうかは、後述のレビュータイプによって変わります。

形式的レビューでの役割と責務　【問題3-9～3-14】シラバス3.2.2

JSTQBのシラバスでは、形式的レビュー（Formal Review）での役割を以下の5つに分類しています。国際規格ISO/IEC 20246に準拠していますが、少しシンプルです。ISO/IEC 20246の役割は、コラム「作業成果物レビューの国際規格ISO/IEC 20246」（129ページ）を参照してください。

- *作成者（Author）*
- *マネージャー（Management）*
- *ファシリテーター（Facilitator）またはモデレーター（Moderator）*
- *レビューリーダー（Review leader）*
- *レビューア（Reviewer）*
- *書記（Scribe）または記録係（Recorder）*

先ほどのレビュープロセスとこれらの役割をマッピングしたのが**表3-1**で

す。レビューのマネージャーは、プロジェクトマネージャーがプロジェクトマネジメントに、テストマネージャーがテストマネジメントに責務があるのと同様にレビューのマネジメントに責務があります。少しわかりにくいのがレビューリーダーとマネージャーの責務の違いですが、表で比較すると、マネージャーは説明責任者、レビューリーダーが実行責任者という分担になっています。またファシリテーターはレビューミーティングの実行責任者ということがわかります。実際の開発では、規模やレビュー技法などにより、この中のいくつかの役割をひとりが兼務することは珍しくありません。

兼務の例を以下に挙げます。

表3-1：形式的レビューでの役割と責務

役割	（レビュー前）	計画	レビューの開始	個々のレビュー	懸念事項の共有	修正と報告
作成者	レビュー対象の作業成果物を作成する。		レビュー対象の資料を提出する。	レビュー対象に関する質問に答える。	レビューミーティングで説明、議論する。	欠陥のあった作業成果物を修正し報告する。
マネージャー		レビュー対象を分析し計画をする。	開始基準に基づきレビューの開始を決定する。	モニタリングとコントロールをする。	終了基準をもとにレビューの終了を決定する。	終了基準をもとにレビューの終了を決定する。
ファシリテーター					レビューミーティングを開催し、意見の調整をする。	
レビューリーダー		参加者を人選し、レビューを実施する期間と場所を決定する。	参加者にレビュー内容を説明し、必要な資料を配付する。	レビューに関する質問を受け付ける。	欠陥にオーナーとステータスを割り当てる。	修正を確認した欠陥のステータスを更新する。
レビューア			レビュー対象の資料を受け取る。	レビューをして潜在的な欠陥を識別する。	レビューミーティングで議論する。	欠陥が修正されたことを確認する。
書記				各レビューアが識別した潜在的な欠陥を取りまとめる。	レビューミーティングの議事を記録する。	欠陥レポートを作成する。

- 作成者がファシリテーターを兼務する。
- マネージャーがファシリテーターを兼務する。
- ファシリテーターがレビューリーダーを兼務する。
- 作成者が書記を兼務する。

大規模プロジェクトになるとプロジェクトマネジメントはひとりではなくマネジメントチームとして運営するので、マネージャー、ファシリテーター、レビューリーダー、書記といったレビューの運営にかかわる役割はそのマネジメントチームのメンバーに割り当てて、作成者やレビューアへの負担を軽減しつつ、レビューの管理は徹底させることがあります。

レビュータイプ　シラバス3.2.3

レビューの技法は、レビューの目的や進め方の違いにより種類があり"レビュータイプ"と呼びます。JSTQBのシラバスでは以下の4つのレビュータイプに分類しています。

- *非形式的レビュー*
- *ウォークスルー*
- *テクニカルレビュー*
- *インスペクション*

実際の開発では「テストの原則6：テストは状況次第」の原則に基づき、適切なレビュータイプを選択します。

●非形式的レビュー（Informal Review）　【問題3-15】

レビュープロセスが開発標準などに文書として規定された形式的レビューに対して、レビュープロセスが規定されていないレビューを非形式レビューと呼びます。基本的にはレビューをするスキルを持った同僚など身近な人がレビューし、レビューミーティングの開催は作成者とレビューアとの間で調整して決めます。査読などによりミーティングを開催しないこともあります。

JSTQBのシラバスで挙げている非形式的レビューに含まれるレビュー技法

は以下の通りです。

- バディチェック（Buddy Check）
- ペアリング（Pairing）
- ペアレビュー（Pair Review）

JSTQBのシラバスで挙げている非形式的レビューの特徴は以下の通りです。

- レビューミーティングを行わないことがある。
- 作成者の同僚（バディチェック）やその他の人により実施する。
- 結果を文書化することもある。
- レビューアにより、効果はさまざまである。
- チェックリストの使用は任意である。
- アジャイル開発では一般的に行われる。

●ウォークスルー（Walkthrough） 【問題3-16】

ウォークスルーは、作成者がファシリテーターとなり、レビュー対象についてレビューアに説明します。演劇では“通し稽古”のことをウォークスルーと呼ぶそうですが、ソフトウェア開発でのウォークスルーも似た面があり、例えば要件定義でのユースケースのシナリオや、設計書やコードのフローに沿って作成者は説明していきます。どちらかというと、シナリオやフローの流れについての漏れや改善案に関心が高いレビュータイプです。

JSTQBのシラバスで挙げているウォークスルーの特徴は以下の通りです。

- レビューミーティング前の個々のレビューアによる準備は任意である。
- 典型的には作業成果物の作成者がレビューミーティングを主導する。
- 書記は必須である。
- チェックリストの使用は任意である。
- シナリオ、ドライラン、シミュレーションの形態をとる場合がある。
- 潜在的な欠陥の記録やレビューレポートを作成する場合がある。
- 運営により、きわめて非形式的のものから、高度に形式的なものまである。

● テクニカルレビュー（Technical Review）　【問題3-17】

テクニカルレビューは、その名の通り技術的な側面をレビューします。したがってレビューアはレビュー対象の特定の技術領域に詳しい人が担当する必要があります。プロジェクトに適切な専門知識を持つ人がいない場合は、プロジェクト外の専門家に依頼してレビューアとして参加してもらうこともあります。

JSTQBのシラバスで挙げているテクニカルレビューの特徴は以下の通りです。

- *レビューアは、作成者の技術領域の同僚、および技術分野が同じ、または別の専門家である。*
- *レビューミーティング前に個々のレビューアが準備する。*
- *レビューミーティングの開催は任意である。開催する場合、経験を積んだファシリテーター（作成者ではない）が主導するのが理想である。*
- *書記は必須である（作成者でないのが理想）。*
- *チェックリストの使用は状況による。*
- *典型的に、潜在的な欠陥の記録やレビューレポートを作成する。*

● インスペクション（Inspection）　【問題3-18】

インスペクションは“検査”あるいは“審査”という意味です。検査にあたっては適合しているかを判断する基準となる基準書やチェックリストが用いられるのが一般的です。基準にはレビューの開始基準や終了基準も含まれます。プロジェクトによっては、品質管理部門などプロジェクト外の担当者がレビューアになることもあります。

JSTQBのシラバスで挙げているインスペクションの特徴は以下の通りです。

- *ルールやチェックリストに基づいたプロセスで進行し、形式に沿ったドキュメントを作成する。*
- *レビューの役割が明確に決まっている。レビューミーティングで作業成果物を読みあげる人を専任で加えたりすることもある。*
- *レビューミーティング前に個々のレビューアが準備する。*
- *レビューアは作成者の同僚か、作業成果物に関連する別の分野の専門家であ*

る。

- 開始基準と終了基準が指定されている。
- 書記は必須である。
- レビューミーティングは、経験を積んだ進行役（作成者ではなく）が主導する。
- 作成者は、レビューリーダー、ドキュメントを読みあげる担当、書記のどの役割も担わない。
- 潜在的な欠陥の記録やレビューレポートを作成する。
- メトリクスを収集し、ソフトウェア開発プロセス全体（インスペクションプロセスを含む）の改善に使用する。

レビュー技法の適用　シラバス3.2.4

JSTQBのシラバスではレビュープロセス“個々のレビュー”でのレビュー技法の例として、以下の5つを挙げています。ISO/IEC 20246のレビュー技法は、コラム「作業成果物レビューの国際規格ISO/IEC 20246」（129ページ）を参照してください。

- アドホックレビュー
- チェックリストベースドレビュー
- シナリオベースドレビュー
- ロールベースドレビュー
- パースペクティブベースドリーディング

●アドホックレビュー（Ad hoc Review）　【問題3-19】

アドホックは“その場限りの”という意味で、アドホックレビューはレビューが必要になったその場その場で行います。非形式的で、進め方に関するガイダンスがほとんどまたはまったく提供されないことから、レビューアのスキルに大きく依存します。また、複数のレビューアがいる場合は重複した懸念事項が報告されることがあります。

JSTQBのシラバスFoundation Version2018.J03では、レビューで検出した欠陥を“潜在的な欠陥”あるいは“懸念事項”と表記しています。

チェックリストベースドレビュー（Checklist-based Review）

【問題3-20】

チェックリストベースドレビューとは、“チェックリストに基づくレビュー”という意味で、レビューアは事前に用意されているチェックリストを用いて懸念事項を指摘します。チェックリストは過去の経験や標準に基づいて作成されています。先ほどのアドホックレビューと異なり、ありがちな懸念事項がチェック項目として体系的にカバーされている点が異なります。一方でレビューアがチェックすることに注力し過ぎると、チェック項目以外が見過ごされてしまうリスクがあります。レビューアはチェック項目だけでなく、それ以外の観点で欠陥がないことにも目を向ける必要があります。また、チェックリストで見逃されていた欠陥があった場合は、チェックリストをメンテナンスすることも必要です。

シナリオベースドレビュー（Scenario-based Review）

【問題3-21】

シナリオベースドレビューとは“シナリオに基づくレビュー”という意味で、レビュー対象に記載されている1つ以上のシナリオに沿ってレビューを進め、レビューアは気づいた懸念事項を指摘します。ここでいうシナリオはウォークスルーの説明でも取り上げた要件定義でのユースケースのシナリオや、設計書やコードのフローなどが相当します。シナリオベースドテストで行うような、実際のソフトウェアを動かさずに動いているものとしてテストすることをドライラン（Dry Run）やドライランテスト（Dry Run Testing）と呼びます。

チェックリストベースドテストとの大きな違いは、チェック項目は断片的ですが、シナリオは連続した文脈があるところです。レビュー対象からシナリオが漏れている場合もあるので、記載されているシナリオ以外がないかにも目を向ける必要があります。

● ロールベースドレビュー（Role-based Review）　【問題3-22】

ロールベースドレビューとは“役割に基づくレビュー”という意味で、レビューアはレビュー対象に関係する個々の役割の観点で懸念事項を指摘します。役割には、受け入れテストであればエンドユーザー、運用担当者、システムアドミニストレーターといった役割があります。また、妥当性確認のために、初心者、熟練者、子供、お年寄りなど特定の役割の中で想定される利用者層を用いることもあります。レビューアは、担当する役割のスキルや思考などをよく理解している必要があります。

● パースペクティブベースドリーディング（Perspective-based Reading）　【問題3-23】

パースペクティブとは“視点”という意味で、レビュー対象に関係する個々の役割の観点でレビューする点はパースペクティブベースドリーディングとロールベースドレビューは同じです。パースペクティブベースドリーディングでは、さらにもう一歩踏み込んでレビュー対象から自分の役割で暫定的な作業成果物を実際に作成して確認します。暫定的な作業成果物の確認にはチェックリストを用います。

パースペクティブベースドリーディングの例は以下の通りです。

- 受け入れテスト担当者の役割で、受け入れテストの暫定的なテストケースを作成して、作成するのに必要な情報がすべて含まれていることを確認する
- マニュアル作成担当者の役割で、暫定的なユーザーマニュアルを作成して、操作説明や取り扱いに必要な情報がすべて含まれていることを確認する
- 運用担当者の役割で、暫定的な運用手順書を作成して、インストールやバックアップなど運用業務に必要な情報がすべて含まれていることを確認する

レビューの成功要因　【問題3-24】シラバス3.2.5

レビューを成功させるためには、テストマネジメントやプロジェクトマネジメントと同様にレビューのマネジメントが適切に行われることが大事です。例えばレビューの目的や対象、実施する作業を具体化するためのレビュータイプやレビュー技法の選択と進行手順、参加者の選定、開始基準と終了基準の定

義、チェックシートなどツールの用意、スケジュール策定、指摘事項や欠陥の管理手順の策定などを適切に計画し、モニタリングとコントロールをする必要があります。

特にレビューでは、作成者とレビューアという対立しかねない立場が存在するので、人的マネジメントはレビュー固有の成功要因が多くあります。シラバスでは成功要因をどちらかというと一般的なマネジメントと共通点の多い“組織的な要因”と、レビュー固有の人的マネジメントに関する“人的な要因”に分けて挙げています。

JSTQBのシラバスで挙げている“組織的な要因”は次の通りです。

- *レビュー計画時に、計測可能な終了基準として使用できる明確な目的を定義する。*
- *達成する目的、およびソフトウェア成果物と参加者の種類とレベルに応じてレビュータイプを選択する。*
- *レビュー対象の作業成果物で欠陥を効果的に識別するために適切なレビュー技法（チェックリストベース技法やロールベース技法など）を1つ以上使用する。*
- *チェックリストは、主要なリスクに言及できるよう最新の状態に保つ。*
- *欠陥に関するフィードバックを早期および頻繁に作成者に提供して品質をコントロールするために、大きなドキュメントは小さく分割して記述およびレビューする。*
- *参加者に十分な準備時間を与える。*
- *レビューのスケジュールは適切に通知する。*
- *マネージャーがレビュープロセスを支援する（例えば、プロジェクトスケジュールでレビューに十分な時間が割り当てられるようにする）。*

JSTQBのシラバスFoundation Version2018.J03では、上記の例でチェックリストベース技法とロールベース技法と訳されていますが、英語版ではチェックリストベースドレビューとロールベースドレビューと記載されています。

JSTQBのシラバスで挙げている“人的な要因”は次の通りです。

- *レビューの目的に対して適切な人たちに関与させる（例えば、さまざまスキルセットまたはパースペクティブを持ち、対象のドキュメントを使うことがある人たち）。*
- *テスト担当者は、レビューに貢献するだけでなく、レビュー対象の作業成果物の内容を把握して、有効なテストを早期に準備できると、レビューアとして価値がでる。*
- *参加者には適切な時間を割り当て、細心の注意を払って詳細にレビューしてもらう。*
- *レビューアが個人でのレビュー時、および/またはレビューミーティング時に集中力を維持できるよう、レビューは対象を小さく分割して実施する。*
- *見つかった欠陥は客観的な態度で確認、識別、対処をする。*
- *ミーティングは参加者にとって有意義な時間となるよう適切にマネジメントする。*
- *レビューは信頼できる雰囲気で行い、レビュー結果を参加者の評価に使用しない。*
- *参加者は、自分の言動が他の参加者に対する退屈感、憤り、敵意だと受け取られないように気を付ける。*
- *特にインスペクションなど高度に形式的なレビュータイプには、十分なトレーニングを提供する。*
- *学習とプロセス改善の文化を醸成する。*

JSTQBのシラバスFoundation Version2018.J03では言及されていませんが、上記の例のテスト担当者は当該レビューよりも後に行われる動的テストや他のテストレベルのテスト担当者を指しています。

3.4 要点整理

静的テストの基本　シラバス3.1

- 静的テスト：静的テストはテスト対象を動かさずに確認するテスト、動的テストは動かして確認するテストで、それぞれ検出する欠陥に向き不向きがある。
- 静的テストのメリット：要件定義や設計など早い段階で実施でき、要件や設計の不整合やコーディング標準からの逸脱など動的テストよりも効率よく検出できる。
- 静的解析：テスト対象の作業成果物に含まれる文章やコードなどの静的構造を解析すること。文書校正機能のあるWord、モデル整合性チェック機能のあるモデリングツール、コードのエラーや警告機能のあるエディタなどのツールがある。

レビュープロセス　シラバス3.2

- レビュープロセス：JSTQBのシラバスではレビュープロセスを、計画、開始、個々のレビュー、懸念事項の共有、修正と報告の5つの活動に分けている。
- 計画：レビューの範囲から、レビュータイプ、参加者、工数、開始基準、終了基準を計画し、開始基準を満たしていることを確認する。
- 開始：作業成果物や関連資料を参加者に配布し、参加者にレビュー実施内容を説明する。
- 個々のレビュー：レビューアがレビューを実施し、潜在的な欠陥、提案、質問を記録する。
- 懸念事項の共有：個々のレビューで識別した潜在的な欠陥、提案、質問を共有し議論・分析する。潜在的な欠陥にはオーナーとステータスを割り当てる。レビュー結果として終了基準を評価する。
- 修正と報告：変更が必要な欠陥についての欠陥レポートを作成して、欠陥を修正する。修正したらステータスを更新し、終了基準を満たしているか判定する。

形式的レビューでの役割と責務　シラバス3.2.2

- 形式的レビューでの役割：JSTQBのシラバスではレビューの役割を、作成者、マネージャー、ファシリテーター、レビューリーダー、レビューア、書記の6つに分類している。
- 作成者：レビュー対象の作業成果物の作成者。欠陥が判明した場合は修正する。
- マネージャー：レビューの計画、モニタリングとコントロール、終了の決定を行う。
- ファシリテーター（モデレーター）：レビューミーティングを運営し、意見の調整を行う。
- レビューリーダー：参加者の人選、期間、場所を決定する。判明した欠陥にオーナーとステータスを割り当てて、修正を確認したらステータスを更新する。
- レビューア：レビューに必要な専門的知識や観点を持ち、レビューでレビュー対象の欠陥を識別する。
- 書記（記録係）：個々のレビューで見つかった潜在的な欠陥を取りまとめ、レビューミーティングでは議事を記録する。

レビュータイプ　シラバス3.2.3

- レビュータイプ：JSTQBのシラバスではレビュータイプを、非形式的レビュー、ウォークスルー、テクニカルレビュー、インスペクションの4つに分類している。
- 非形式的レビュー：レビューの進め方は規定されていない。レビューのスキルを持つ同僚など身近な人がレビューアとなる。レビューミーティングは任意。バディチェック、ペアリング、ペアレビューなどの技法が使われる。
- ウォークスルー：作成者がレビューミーティングで説明しながら進められる。個々のレビューは任意。書記は必須。シナリオ、ドライラン、シミュレーションの形態をとることがある。

- テクニカルレビュー：レビュー対象の技術領域の有識者がレビューアとなる。個々のレビューは必須で、レビューミーティングは任意。書記は必須。
- インスペクション：ルールやチェックリストに基づいて、形式的なドキュメントを作成し、役割は明確に決める。個々のレビュー、レビューミーティングは必須。書記も必須。

レビュー技法の適用　シラバス3.2.4

- “個々のレビュー” でのレビュー技法：JSTQBのシラバスでは、アドホックレビュー、チェックリストベースドレビュー、シナリオベースドレビュー、ロールベースドレビュー、パースペクトベースリーディングの5つを挙げている。
- アドホックレビュー：レビューが必要になったその場その場で行う。レビューアのスキルに依存する。
- チェックリストベースドレビュー：事前に用意したチェックリストに基づいてレビューを行う。チェック項目以外を見逃すリスクがある。
- シナリオベースドレビュー：レビュー対象に記載されているシナリオに基づいて行う。レビュー対象からシナリオが漏れていると見逃すリスクがある。
- ドライラン：シナリオベースドレビューで、机上でレビュー対象が動いている想定で行うテストのこと。
- ロールベースドレビュー：レビュー対象に関係する役割の観点でレビューする。レビューアは担当する役割や思考などをよく理解している必要がある。
- パースペクティブベースドリーディング：レビュー対象に関係する役割の観点で、レビュー対象を基に暫定的な作業成果物を作成してみてチェックリストで確認する。

レビューの成功要因　シラバス3.2.5

- レビューの成功要因：JSTQBのシラバスでは組織的な要因と人的な要因に分類している。
- 組織的な要因：レビュー目的、終了基準、レビュータイプの選択、レビュー技法の選択、チェックリストの最新化、参加者への十分な準備時間、スケジュールの通知を怠らない。レビューは小さく分割する。

- 人的な要因：参加者の適切な人選と時間配分を怠らない。見つかった欠陥は客観的に対処する。レビューミーティングは、参加者に有意義な時間になるようにし敵対させない。参加者の人事考課など評価に使用しない。

コラム 作業成果物レビューの国際規格 ISO/IEC 20246

ここでは、JSTQBがレビューの参考として挙げている国際規格ISO/IEC 20246「Software and systems engineering - Work product reviews」について紹介します。ISO/IEC 20246は、レビュープロセス、役割、レビュータイプ、レビュー技法、レビュードキュメントを定義しています。

レビュープロセス

JSTQBのシラバスは、ほぼ準拠しています（第3章参照）。

レビュープロセス（Work Product Review Process）

- *計画（Planning）*
- *レビューの開始（Initiate Review）*
- *個々のレビュー（Individual Review）*
- *懸念事項の共有と分析（Issue Communication and Analysis）*
- *修正と報告（Fixing and Reporting）*

役割

JSTQBのシラバスに挙げられている役割に加えて、顧客、リーダーという役割が定義されています。ただし、すべてのレビュータイプですべての役割が必要というわけではありません。

役割（Role）

- *作成者（Author）*

  レビューされる作業成果物を作成と修正をします。

- *マネージャー（Management）*

  レビュー対象を決定し、レビューの参加者や時間などのリソースを提供します。通常、プロジェクトマネージャーまたはプログラムマネージャーが担当します。

• *ファシリテーター（Facilitator）*

レビューミーティングを効果的に実施します。しばしばモデレーターと呼ばれます。

• *レビューリーダー（Review leader）*

レビューをいつ、どこで、誰が参加するかの決定など、レビューの全体的な責任を負います。

• *記録係／書記（Recorder/Scribe）*

個々のレビューで識別された潜在的な欠陥を照合および優先順位付けし、レビューミーティングでの決定事項や新たに見つかった潜在的な欠陥などの情報を記録します。

• *顧客（Customer）*

顧客独自の視点でレビューをします。

• *リーダー（Reader）*

レビューミーティング中に作業成果物の準備を行い、ミーティング参加者をレビュー中の作業成果物の特定の側面に集中させます。

レビュータイプ

JSTQBのシラバスの非形式的レビューに相当するレビュータイプ（Review Types）は5種類挙げています。

非形式的レビュー（Informal Review）

• *作成者チェック（Author Check）*

作成者自身がひとりで実施する非形式的レビューです。

• *バディチェック（Buddy Check）*

作成者の同僚が独立して実施する非形式的レビューです。

• *非形式的グループレビュー（Informal Group Review）*

3人以上で実施する非形式的レビューです。

• *ペアレビュー（Pair review）*

作成者以外の適切な資格を持つ2人が共同で実施する非形式的レビューです。

• *ピアデスクチェック（Peer Desk Check）*

作成者と同僚でウォークスルーをする非形式的レビューです。

形式的レビュー（Formal Review）

- *マイルストーンレビュー（Milestone Review）*

作業成果物の形式的レビューで、次の開発ステージや配布に用いる受入可能であることの証跡を含みます。

- *ウォークスルー（Walkthrough）*

作成者が作業成果物に沿ってレビューの参加者を導き、参加者が質問や考えられる潜在的な欠陥についてコメントする形式的レビュー。

- *テクニカルレビュー（Technical Review）*

技術的に適格な要員で構成されたチームによって、意図された用途に対する作業成果物の適合性を検査し、仕様や標準との不一致を識別する形式的なピアレビュー。

- *インスペクション（Inspection）*

レビュープロセスを効率的にするためにチームの役割や評価項目が定義された、作業成果物の潜在的な欠陥を特定するための形式的レビュー。

レビュー技法

レビュープロセス「個々のレビュー」でのレビュー技法と「懸念事項の共有と分析」でのレビュー技法を挙げています。

「個々のレビュー」でのレビュー技法（Individual Reviewing Techniques）

JSTQBのシラバスは、ほぼ準拠しています。それぞれのレビュー技法は、第3章参照。

- *アドホックレビュー（Ad hoc Reviewing）*
- *チェックリストベースドレビュー（Checklist-based Reviewing）*
- *シナリオベースドレビュー（Scenario-based Reviewing）*
- *ロールベースドレビュー（Role-based Reviewing）*
- *パースペクティブベースドリーディング（Perspective-based reading、PBR）*

懸念事項の分析技法（Issue analysis techniques）

- *個別の分析（Individual analysis）*

「個々のレビュー」から得られた懸念事項をレビュー担当者から収集し、重要度から優先順位付けをします。次に懸念事項を分析して、それらに対する適切なアクションを決定します。結果は、懸念事項の報告者に返されます。通常、この技法はレビューミーティングの代わりに作成者が実行します。

レビューミーティングの技法（Review Meeting Techniques）

- *ページごとのレビュー（Page-by-page Reviewing）*

作業成果物を順番に参加者がレビューして、以前（たとえば個々のレビュー）に識別された懸念事項について検討したり、新たな懸念事項がないかを確認するレビュー技法です。

- *チェックリストベースドレビュー（Checklist-based Reviewing）*

「個々のレビュー」でのチェックリストベースドレビューをレビューミーティングに適用したレビュー技法です。

- *ロールベースドレビュー（Role-based Reviewing）*

「個々のレビュー」でのロールベースドレビューをレビューミーティングに適用したレビュー技法です。

- *シナリオベースドレビュー（Scenario-based Reviewing）*

「個々のレビュー」でのシナリオベースドレビューをレビューミーティングに適用したレビュー技法です。

- *グループ意思決定（Group decision making）*

グループが意思決定を行う必要がある場合に、参加者全員ではなく最適なメンバーに絞って意思決定をするレビュー技法です。メンバーの選出には、作業成果物の種類とレビューの目的に応じて異なる基準が適用されます。

第 4 章

テスト技法

テスト技法（Test Technique）とは、テストケースを導き出す技法です。書籍によっては、本章で扱うテスト技法と第3章の静的テスト/動的テストを区別するために、テスト設計技法（Test Design Technique）と呼ぶこともあります。

JSTQBのシラバスでは、テスト技法をブラックボックステスト技法、ホワイトボックステスト技法、経験ベースのテスト技法の3つに分類しています。これらのテスト技法は、第2章で取り上げたテストタイプの機能テスト、非機能テスト、ホワイトボックステストで用いられます。

本章ではブラックボックステスト技法、ホワイトボックス技法、経験ベースのテスト技法に分類されている個々のテスト技法とそのカバレッジについて理解していきます。

4.1 問題

※解答は140ページ、解説は141ページ

問題4-1

FL-4.1.1 K2

ブラックボックステスト技法の説明として適切なものは？

□ (1) テスト対象の中の構造と処理に重点を置く
□ (2) 過去の故障などテスト担当者の経験を駆使する
□ (3) 構造ベースの技法と呼ぶこともある
□ (4) テスト対象の入力や出力の仕様に着目し、その内部構造は参照しない

問題4-2

FL-4.1.1 K2

ホワイトボックステスト技法の説明として適切なものは？

□ (1) 形式に沿った要件ドキュメント、仕様書、ユースケースなどテストベースの分析に基づく
□ (2) アーキテクチャー、詳細設計、内部構造、テスト対象のコードの分析に基づく
□ (3) 開発担当者、テスト担当者、ユーザーの経験を活用する
□ (4) 振る舞いベースの技法と呼ぶこともある

問題4-3

FL-4.1.1 K2

経験ベースのテスト技法の説明として適切なものは？

□ (1) 形式に沿った要件ドキュメント、仕様書、ユースケースなどテスト

ベースの分析に基づく

□ (2) アーキテクチャー、詳細設計、内部構造、テスト対象のコードの分析に基づく

□ (3) 開発担当者、テスト担当者、ユーザーの経験を活用する

□ (4) 構造ベースの技法と呼ぶこともある

問題4-4

FL-4.2.1 K3

「遊園地の乗り物の券売機は、6歳未満は乗車不可、6歳以上12歳未満は子供料金、12歳から60歳未満は大人料金、60歳以上は乗車不可の仕様である。年齢は2桁まで入力できる。」
同値分割法を適用すると、この券売機のパーティションは無効同値パーティションも含めるといくつあるか？

□ (1) 3

□ (2) 4

□ (3) 6

□ (4) 7

問題4-5

FL-4.2.2 K3

「遊園地の乗り物の券売機は、6歳未満は乗車不可、6歳以上12歳未満は子供料金、12歳から60歳未満は大人料金、60歳以上は乗車不可の仕様である。年齢は2桁まで入力できる。」
境界値分析を適用すると、この券売機の境界値はいくつあるか？

□ (1) 3

□ (2) 4

□ (3) 6

□ (4) 8

問題4-6

FL-4.2.3 K3

「生命保険システムで、顧客属性に応じて保険契約が決まる。顧客属性は3種類でそれぞれ真と偽の値を取り、すべての組み合わせに対して対応する結果（アクション）がある。」
デシジョンテーブルテストを適用すると、デシジョンテーブルの判定（列）の数は最大いくつになるか？

□ (1) 3
□ (2) 6
□ (3) 8
□ (4) 9

問題4-7

FL-4.2.4 K3

「ECサイトのシステムで、会員には前月の累計購入金額に応じて一般、シルバー、ゴールドの3つのランク（状態）がある。」
状態遷移テストを適用する場合、テストする状態遷移は最大いくつになるか？

□ (1) 3
□ (2) 6
□ (3) 8
□ (4) 9

問題4-8

FL-4.2.5 K2

「会員登録のユースケースには10行の基本フロー、3行の代替フローが2つ、2行の例外フローが1つ、4行のエラー処理が1つある。」
ユースケーステストを適用する場合、カバレッジ100%のテストケースは最低いくつになるか？

□ (1) 4
□ (2) 5
□ (3) 18
□ (4) 22

問題4-9

FL-4.3.1 K2

「コンポーネントには100ステップのステートメントがあり、ネストしないIFステートメントが4つ含まれる。」
テストの状況がステートメントカバレッジ50%の場合、次のどれが最も近い状況か？

□ (1) 50ステップのステートメントが実行された
□ (2) 100ステップのステートメントが実行された
□ (3) 2つのIFステートメントの真と偽が実行された
□ (4) 4つのIFステートメントの真が実行された

問題4-10

FL-4.3.2 K2

「コンポーネントには100ステップのステートメントがあり、CASEステートメントが5つ含まれる。」
テストの状況がデシジョンカバレッジ50%の場合、次のどれが最も近い状況か？

□ (1) 50ステップのステートメントが実行された
□ (2) 100ステップのステートメントが実行された
□ (3) 3つのCASEステートメントが実行された
□ (4) 5つのCASEステートメントが実行された

問題4-11

FL-4.3.3 K2

ステートメントカバレッジとデシジョンカバレッジの説明で適切ではないのは？

- □ (1) ステートメントカバレッジは、他のテストでは実行されないコードの中にある欠陥を見つけるのに役立つ
- □ (2) デシジョンカバレッジは、他のテストでは真の結果と偽の結果の両方が実行されないコードの欠陥を見つけるのに役立つ
- □ (3) 100%のデシジョンカバレッジの達成は、判定が真の結果、偽の結果を含むが、ELSEのないIFステートメントの偽は含まれない
- □ (4) 100%のデシジョンカバレッジの達成は、100%のステートメントカバレッジの達成を保証する

問題4-12

FL-4.4.1 K2

エラー推測の説明で適切なのは？

- □ (1) テスト担当者の知識に基づいて、誤り、欠陥、故障を予測する技法である
- □ (2) 形式的ではないテストであり、テスト実行時に動的に設計、実行、ログ記録、および評価をする
- □ (3) チェックリストにあるテスト条件をカバーするように、テストケースを設計、実装、および実行する
- □ (4) 形式に沿った要件ドキュメント、仕様書、ユースケースなどのテストベースの分析に基づく

問題4-13

FL-4.4.2 K2

探索的テストの説明で適切なのは？

- □ (1) テスト担当者の知識に基づいて、誤り、欠陥、故障を予測する技法である
- □ (2) 形式的ではないテストであり、テスト実行時に動的に設計、実行、ログ記録、および評価をする
- □ (3) チェックリストにあるテスト条件をカバーするように、テストケースを設計、実装、および実行する
- □ (4) 形式に沿った要件ドキュメント、仕様書、ユースケースなどのテストベースの分析に基づく

問題4-14

FL-4.4.3 K2

チェックリストベースドテストの説明で適切なのは？

- □ (1) テスト担当者の知識に基づいて、誤り、欠陥、故障を予測する技法である
- □ (2) 形式的ではないテストであり、テスト実行時に動的に設計、実行、ログ記録、および評価をする
- □ (3) チェックリストにあるテスト条件をカバーするように、テストケースを設計、実装、および実行する
- □ (4) 形式に沿った要件ドキュメント、仕様書、ユースケースなどのテストベースの分析に基づく

4.2 解答

問題	解答	説明
4-1	**4**	ブラックボックステスト技法は、テスト対象の入力や出力の仕様に着目し、その内部構造は参照しません。
4-2	**2**	ホワイトボックステスト技法は、アーキテクチャー、詳細設計、内部構造、テスト対象のコードの分析に基づきます。
4-3	**3**	経験ベースのテスト技法は、開発担当者、テスト担当者、ユーザーなどの経験を活用します。
4-4	**2**	6歳未満、6歳以上12歳未満、12歳から60歳未満、60歳以上の4つです。
4-5	**4**	各パーティションの最大値と最小値ですので、0歳、5歳、6歳、11歳、12歳、59歳、60歳、99歳の8つとなります。
4-6	**3**	3種類の属性の真と偽の組み合わせなので2の3乗＝8です。
4-7	**4**	状態から状態へ遷移する組み合わせで同じ状態への遷移も含めると、3×3＝9です。
4-8	**2**	振る舞いの数は基本1＋代替2＋例外1＋エラー1＝5となりますので5が正解です。
4-9	**1**	テストにより実行したステートメント数を、テスト対象の実行可能ステートメントの合計数で割った値で、100ステップの50パーセントなので50ステップとなります。
4-10	**3**	テストにより実行した判定結果の数をテスト対象の判定結果の合計数で割った値です。5つのCASEとデフォルトで合計6つの判定結果があり、その50パーセントは3つのCASEが実行されたか、2つのCASEとデフォルトが実行されたことになります。
4-11	**3**	ELSEがないなど明示的な偽のステートメントが存在しない場合も含まれます。
4-12	**1**	エラー推測は、テスト担当者の知識に基づいて、誤り、欠陥、故障を予測する技法です。
4-13	**2**	探索的テストは、形式的ではないテストであり、テスト実行時に動的に設計、実行、ログ記録、および評価をする技法です。
4-14	**3**	チェックリストベースドテストは、チェックリストにあるテスト条件をカバーするように、テストケースを設計、実装、および実行する技法です。

4.3 解説

テスト技法のカテゴリ　シラバス4.1

第2章で述べた通りテストをするためには、テスト対象に対するテストケースを含むテストウェアが必要です。そのためにテスト対象を分析して、テストウェアを構成するテスト条件、テストケース、テストデータを決定することがテスト技法の目的です。テスト技法は、「テストの原則6：テストは状況次第」などを含むさまざまな要因を加味してテスト戦略として選択する必要があります。

JSTQBのシラバスでは、テスト技法を選択する要因として以下を挙げています。

- *テスト対象であるコンポーネントまたはシステムの種類、複雑さ*
- *規制や標準、顧客または契約上の要件*
- *リスクレベル、リスクタイプ*
- *テスト目的*
- *入手可能なドキュメント*
- *テスト担当者の知識とスキル*
- *利用できるツール*
- *スケジュールと予算*
- *採用するソフトウェア開発ライフサイクルモデル*
- *ソフトウェアの想定される使用方法*
- *テスト対象のコンポーネントまたはシステムに関してテスト技法を使用した経験*
- *コンポーネントまたはシステムで想定される欠陥の種類*

JSTQBのシラバスでは、テスト技法を以下の3つに分類しています。

- *ブラックボックステスト技法*

- *ホワイトボックステスト技法*
- *経験ベースのテスト技法*

ブラックボックステスト技法（Black-box Test Technique）

【問題4-1】

ブラックボックステスト技法は、テスト対象を中の構造が見えないブラックボックスとしてテストケースを導き出すテスト技法です。コンポーネントテストであればコンポーネントのコードではなく、コンポーネントの入出力値などコンポーネントの機能要件や非機能要件に着目します。システムテストであればアーキテクチャー構造ではなく、システムの入出力などシステムの機能要件や非機能要件に着目します。このことからブラックボックステスト技法は、コンポーネントのプログラミング言語やアーキテクチャーなどテスト対象の設計や実装についての知識が十分でなくてもテストケースを導き出せます。

JSTQBのシラバスでは、ブラックボックステスト技法として以下を挙げています。

- *同値分割法*
- *境界値分析*
- *デシジョンテーブルテスト*
- *状態遷移テスト*
- *ユースケーステスト*

ホワイトボックステスト技法（White-box Test Technique）

【問題4-2】

ホワイトボックステスト技法は、テスト対象の中の構造が見えるホワイトボックス（透明の箱）としてテストケースを導き出すテスト技法です。コンポーネントテストであれば、コンポーネントの機能要件や非機能要件を実現するコードの構造に着目します。システムテストであれば、システムの機能要件や非機能要件を実現するアーキテクチャーの構造に着目します。このことからホワイトボックステスト技法は、コンポーネントのプログラミング言語やアーキテクチャーなどテスト対象の設計や実装についての知識が必要です。

JSTQBのシラバスでは、ホワイトボックステスト技法として以下を挙げています。この2つの技法は、一般的にはテストレベルのコンポーネントテストで用いられる技法です。

- *ステートメントテスト*
- *デシジョンテスト*

第2章で取り上げたようにホワイトボックステストを評価するにはテスト対象の構造に基づく構造カバレッジが用いられ、そのうちコンポーネントテストレベルでコンポーネントのコードに基づくカバレッジを"コードカバレッジ"と呼びます。

JSTQBのシラバスでは、ステートメントテストとデシジョンテストに用いられるコードカバレッジとして以下の2つを挙げています。

- *ステートメントカバレッジ*
- *デシジョンカバレッジ*

● 経験ベースのテスト技法（Experience-based Test Technique）【問題4-3】

経験ベースのテスト技法は、ブラックボックステスト技法やホワイトボックステスト技法のようにテスト対象の要件や内部構造に着目して分析するのではなく、担当者の経験からテストケースを導き出すテスト技法です。担当者は、テストレベルにより異なり、コンポーネントテストであれば開発担当者、統合テストやシステムテストであればテスト担当者、ユーザー受け入れテストであればユーザーなどが該当します。過去の類似するテスト対象での欠陥や「テストの原則4：欠陥の偏在」の推測など担当者の経験を駆使します。

JSTQBのシラバスでは、経験ベースのテスト技法として以下を挙げています。

- *エラー推測*
- *探索的テスト*
- *チェックリストベースドテスト*

ブラックボックステスト技法　シラバス4.2

● 同値分割法（Equivalence Partitioning）　【問題4-4】

ブラックボックステスト技法の1つである同値分割法は、テスト対象の入力、出力、時間などの値をグルーピングして、それぞれの代表値をテストケースとして導き出すテスト技法です。何に基づいてグループを決めるのかというと、テスト対象の仕様として同じ処理かどうかです。同じ処理をする値のグループを“同値パーティション”または“同値クラス”と呼びます。同じ処理をするのですから、仕様通りに動作するならばパーティション1つに対して1つのテストケースまで減らすことができます。テスト対象に無効な値もパーティションにまとめることでテストケースを減らすことができ、“無効同値パーティション”と呼びます。

図4-1：同値分割法とパーティション

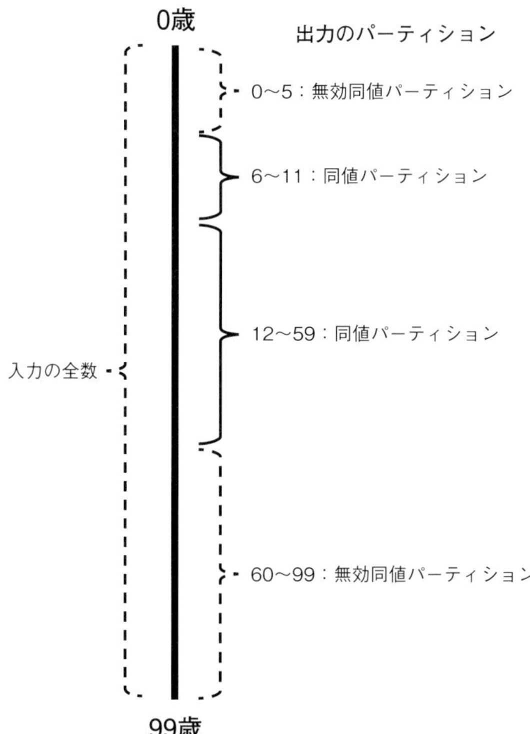

例えば、【問題4-4】の券売機は入力値が0から99までですので同値分割法を適用しないと100テストケースになります。これに同値分割法を適用して、出力に着目すると**図4-1**のように6歳未満の無効同値パーティション、6歳以上12歳未満の同値パーティション、12歳以上60歳未満の同値パーティション、60歳以上の無効同値パーティションの4つパーティションが存在します。したがって、それぞれのパーティションから入力値を1つ選んで4つのテストケースを実施すれば、すべてのパーティションをテストしたことになります。例えば、入力値4、10、20、70で100%のカバレッジを満たします。同一のパーティションからテストに使う値を決めるルールは同値分割法にはなく、3、8、41、89でも100%のカバレッジを満たしています。テスト担当者まかせで各自が適当に決めるよりも、テスト戦略としてルールを決める方が誤りや誤解がなく望ましいです。

● 境界値分析（Boundary Value Analysis）　【問題4-5】

境界値分析は同値分割法の応用で、パーティションの境界値に対してテストケースを導き出すテスト技法です。パーティションの最小値と最大値をテストケースとするので、条件の"未満"と"以下"や"大きい"と"以上"（<と≦、>と≧）の誤りによる欠陥を検出できます。

【問題4-4】と【問題4-5】は同じ題材ですが、テスト技法が異なります。同値分割法では、同値パーティションと無効同値パーティションをあわせて4つのパーティションがありました。境界値分析でパーティションそれぞれの最小値と最大値に着目し、0、5、6、11、12、59、60、99の8つの境界値を導き出せます。これらの境界値をテストすると同値分割法の2倍の8テストケースになりますが、入力値の全数である100テストケースよりは1割以下のテストケースで済みます。

境界値分析をさらに応用した"3ポイント境界値分析"というテスト技法があります。このテスト技法は"境界値とその前後"という考え方で、**図4-2**のように有効同値パーティションの境界値とその前後の値からテストケースを導き出します。条件の"未満"と"以下"や"大きい"と"以上"の誤りに加えて、大小比較すべきところを"同じ"や"異なる"にしてしまった欠陥を検出できます。【問題4-5】に当てはめると6と12と60が境界値ですので、0、5、6、7、11、12、13、59、60、61、99の11のテストケースとなります。無効同値パー

図4-2：3ポイント境界値分析

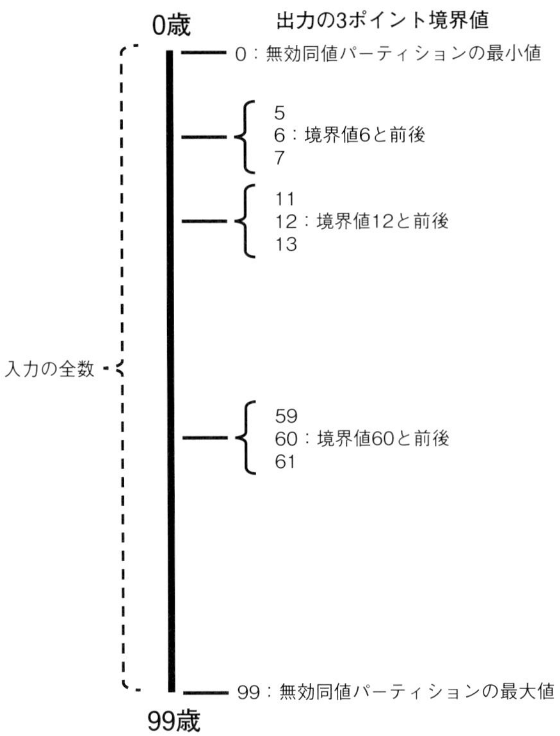

ティションの境界の最小値と最大値の前後の1と98は含めません。3ポイント境界値分析でも、入力値の全数である100テストケースよりは1割程度のテストケースで済みます。

題材では入力可能な値が二桁ですが、これが金額や数量など大きな桁数であれば同値分割法や境界値分析がいかに効率的で現実的なテスト技法か想像できると思います。

● デシジョンテーブルテスト（Decision Table Testing）　【問題4-6】

デシジョンテーブルテストとは、テスト対象で行われる判定（デシジョン）に基づき、デシジョンテーブルに記載されている判定をテストケースとして導き出すテスト技法です。**図4-3**は典型的なデシジョンテーブルの様式で、入力などの条件が上段、起きるアクションが下段、条件の判定が列で記載されます。各条件が真と偽の2値の場合は、判定の数は条件の2のN乗になります。

デシジョンテーブルは、テスト対象のコンポーネントやシステムの仕様そのものですので、テストプロセスで独自に作成するよりも、要件定義や設計で作成している方が仕様を管理する上で望ましいです。

JSTQBのシラバスで挙げている表記ルールは以下の通りです。

•条件の表記

Y　：条件が真であることを意味する（Tまたは1とも記述する）。
N　：条件が偽であることを意味する（Fまたは0とも記述する）。
ー　：条件の値は判定に影響しないことを意味する（N/Aとも記述する）。

•アクションの表記

X　：アクションが発生することを意味する（Y、T、または1とも記述する）。
空白：アクションが発生しないことを意味する（ー、N、F、または0とも記述する）。

ある条件が真と偽どちらの場合でも同じアクションが実行される場合、その条件はアクションの判定に影響しないので、**図4-4**のように列をまとめて

図4-3：デシジョンテーブル

	判定1	判定2	判定3	判定4	判定5	判定6	判定7	判定8
条件1	Y	Y	Y	Y	N	N	N	N
条件2	Y	Y	N	N	Y	Y	N	N
条件3	Y	N	Y	N	Y	N	Y	N
アクション1	X							
アクション2		X						
アクション3			X					
アクション4				X				
：								

図4-4：デシジョンテーブルの簡単化

	判定1	判定2
条件1	Y	Y
条件2	Y	Y
条件3	Y	N
アクション1		
アクション2	X	X
アクション3		
アクション4		
：		

↓

	判定1
条件1	Y
条件2	Y
条件3	−
アクション1	
アクション2	X
アクション3	
アクション4	
：	

“−”記号で明示的に条件が影響しないことを示せます。ただし、デシジョンテーブルテストの技法は判断を漏れなく洗い出すことが大事ですので、すべて洗い出せていない状態で列をまとめていくのはお勧めしません。

●状態遷移テスト（State Transition Testing）　【問題4-7】

状態遷移テストとは、テスト対象の状態に基づいたテスト技法で、テスト対象の状態遷移からテストケースを導き出します。状態を持つコンポーネントやシステムは、それ以前の入力やイベントなどの履歴により状態が変わり、同じ入力値を与えても状態に応じて振る舞いが変わるものがあります。それをテストするためのテスト技法が状態遷移テストです。JSTQBのシラバスでは、状態遷移テストで用いるものとして状態遷移図と状態遷移表を挙げています。

状態遷移図は、状態と状態遷移を記載し、状態遷移にイベント、ガード条件、有効な遷移の際のアクションを示します。JSTQBのシラバスでは表記法の例がありませんが、モデル表記の国際規格UML（Unified Modeling Language）のステートマシン図の表記法が広く使われています。ステートマシン図で、【問題4-7】を状態遷移図に表すと**図4-5**のようになります。UMLでは、状態は角丸の四角、状態遷移は矢印で示し、矢印の近くに“イベント名［ガード条件］/ アクション名”の形式で示します。黒丸が指している状態は

図4-5：状態遷移図（仕様1）

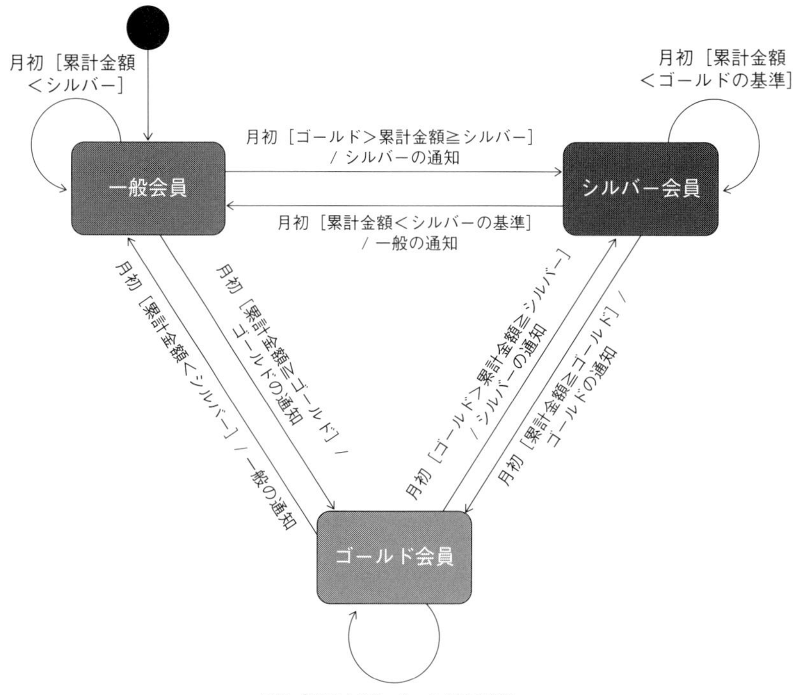

最初の状態を意味します。ガード条件とアクション名は、ない場合は省略可能です。この例では、前月の累計金額でどこの状態にでも遷移する仕様ですが、毎月1段階だけランクが上か下に変わる仕様であれば**図4-6**になります。このふたつの違いのように、状態遷移図では状態遷移に関する仕様の違いが視覚的にわかりやすく、遷移の矢印それぞれに対して必要なテストケースを容易に導き出せます。

一方の状態遷移表で、先ほどの**図4-5**の状態遷移図を表したのが**表4-1**です。この例では、イベントが“月初”しかありませんのでイベントは1行で、3つの状態が列になり、その中にガード条件、アクション、遷移先を記載します。状態遷移図で遷移の矢印からテストケースを導き出せるのと違って、表の中を読まないとテストケースがわからない点はデメリットですがメリットもあります。

メリットがわかるように題材をコンビニのレジに変えます。状態遷移表は**表**

4-2で、イベントと状態がそれぞれ3つあり、イベントを無視する無効なケースも記載されます。この無効なケースは状態遷移図では表現されませんが状態遷移表では識別できるので、遷移しないことを確認するテストケースを容易に導き出せるメリットがあります。

図4-6：状態遷移図（仕様2）

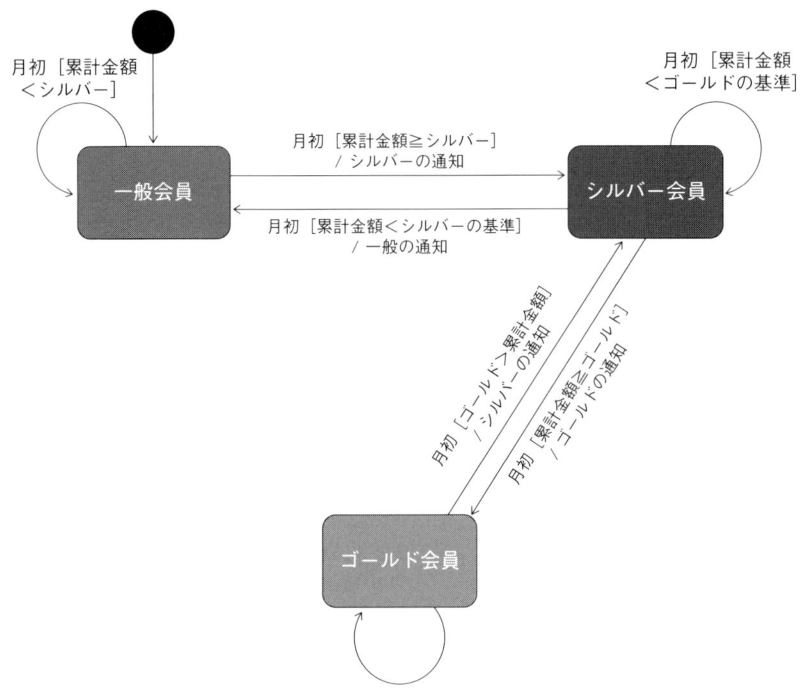

表4-1：状態遷移表（その1）

イベント ＼ 状態		S1	S2	S3
		一般会員	シルバー会員	ゴールド会員
E1	月初	ゴールド>累積金額≧シルバーの時、シルバーの通知をしてS2へ 累積金額≧ゴールドの時、ゴールドの通知をしてS3へ 上記以外の時、S1へ	累積金額≧ゴールドの時、ゴールドの通知をしてS3へ 累積金額<シルバーの時、一般の通知をしてS1へ 上記以外の時、S2へ	ゴールド>累積金額≧シルバーの時、シルバーの通知をしてS2へ 累積金額<シルバーの時、一般の通知をしてS1へ 上記以外の時、S3へ

表4-2：状態遷移表（コンビニのレジ）

状態／イベント		S1	S2	S3
		客待ち	売り上げ中	会計中
E1	商品スキャンした	売り上げる。S2へ	売り上げる。S2へ	無視する
E2	会計を押した	無視する	合計を表示する。S3へ	無視する
E3	入金した	無視する	無視する	入金額≧残金の場合、お釣りとレシートを出してS1へ 入金＜残金の場合、残金を表示してS3へ。

●ユースケーステスト（Use Case Testing）【問題4-8】

ユースケーステストは、テスト対象のユースケース記述に基づいたテスト技法で、ユースケース記述にある振る舞い（フロー）からテストケースを導き出します。一般的なユースケースは、ユーザーや外部システムなどを表すアクターとテスト対象であるシステムの相互作用がユースケース記述に描写されます。

ユースケース記述は**図4-7**のイベントフローという自然言語で記述する様式が一般的ですが、**図4-8**のアクティビティ図あるいは**図4-9**のシーケンス図などUMLが使われることもあります。JSTQBのシラバスでは、ワークフロー図とビジネスプロセスモデルもユースケース記述の表記法として挙げており、振る舞いの種類として以下を挙げています。

- *基本*
- *例外または代替処理*
- *エラー処理*

JSTQBのシラバスではそれぞれの振る舞いを“処理”と呼んでいますが、基本フロー、例外フロー、代替フローと呼ぶ方が一般的です。

ユースケーステストのカバレッジは、テスト対象のすべての振る舞いに対してテストで実行した振る舞いの割合です。すべての振る舞いをテストするとカバレッジ100%となります。

自然言語のイベントフローには、開発方法論によってさまざまなバリエー

図4-7：ユースケース記述（イベントフローの例）

基本フロー

1. レジ係は、商品をスキャンする。
2. システムは、商品名と価格を表示する。
3. まだ商品がある時は1．へ。
4. レジ係は、会計を押す。
5. システムは、小計を表示する。
6. レジ係は、入金する。
7. システムは、お釣りとレシートを発行する。

代替フロー

3a 中止する場合
3a1．レジ係は、中止を押す。
3a2．システムは、小計を破棄して終了する。

例外フロー

2a 商品が未登録の場合
2a1．システムは、商品未登録を表示する。
2a2．レジ係は、価格を入力する。
3a3．3．へ。

エラー処理

システムのエラーが発生した場合
・システムは、エラーを表示して終了する。

図4-8：ユースケース記述（アクティビティ図の例）

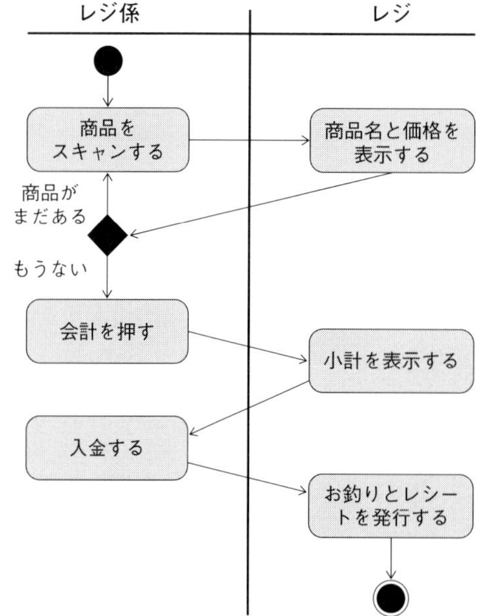

図4-9：ユースケース記述（シーケンス図の例）

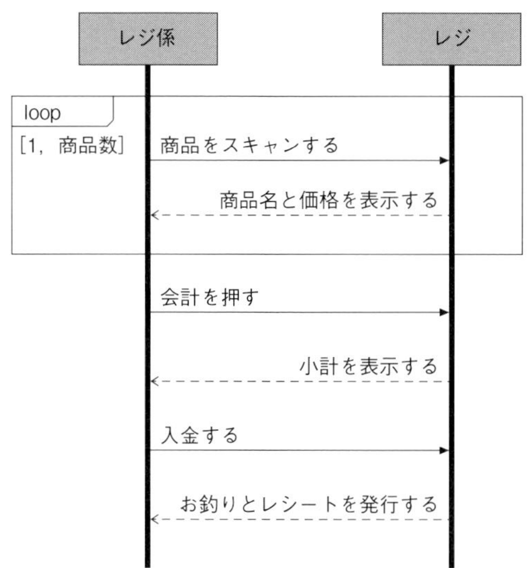

ションがあり、例外フローと代替フローのどちらかではなく区別して両方書く書式もあれば、エラー処理を例外フローに含める書式もあります。また自然言語ではなく**図4-8**のアクティビティ図や**図4-9**のシーケンス図を使った様式では、売り上げを中止する例外フローやシステムで起きるエラー処理はこの図だけでは現せていませんのでそれらの場合の図をさらに用意するか、補足説明が必要です。

ホワイトボックステスト技法　シラバス4.3

●ステートメントテスト（Statement Testing）　【問題4-9】

ホワイトボックステスト技法のステートメントテストは、テスト対象内部に記述されているステートメントについてテストケースを導き出すテスト技法です。テスト対象がコンポーネントであれば、そのプログラミング言語のコードがステートメントで、システムであればフローを制御する言語のコードがステートメントになりえます。

ステートメントテストで使われるステートメントカバレッジは、テスト対象の全ステートメントのうちテストで実行したステートメントの割合です。例えば、100ステップのステートメントがあるコンポーネントのステートメントカバレッジ50%の場合は、半分の50ステップのステートメントが実行されたことを意味します。if文などの条件判断をどれだけテストしたかどうかはカバレッジに影響しません。また、コメントアウトされたコードはカバレッジに含みません。

●デシジョンテスト（Decision Testing）　【問題4-10】

もう1つのホワイトボックステスト技法のデシジョンテストは、先ほどのステートメントテストとは対象的にテスト対象内部に記述されているデシジョン（条件判断）からテストケースを導き出すテスト技法です。テスト対象のプログラミング言語やフローを制御する言語のif文やswitch-case文などの条件判断に着目します。

デシジョンテストで使われるデシジョンカバレッジは、テスト対象すべての条件判断のうちテストで実行した条件判断の割合です。if文であれば1つのif文につき真と偽の2通りで、if文の条件式に書かれている個々の論理式の真と偽の組み合わせはカバレッジに影響しません。ステートメントカバレッジと同様に、コメントアウトされたif文やswitch-case文はカバレッジに含みません。

デシジョンカバレッジでの注意点はif文でelseがない場合やswitch-case文のdefaultがない場合などです。このように明示的にステートメントがなくても条件判断としては存在するのでデシジョンカバレッジに含ます。例えば、caseステートメントが5つ含まれてdefaultがないコンポーネントのデシジョンカバレッジが50%の場合は、caseステートメントとdefaultを足した6つのうちの半分が実行されたことになるので、3つのcaseステートメントが実行されたか、2つのcaseステートメントとdefaultが実行されたことになります。

●ステートメントテストとデシジョンテストの価値　【問題4-11】

ステートメントカバレッジとデシジョンカバレッジを比較すると、ステートメントカバレッジ100%はデシジョンカバレッジ100%を保証しません。例えば先ほどのelseやdefaultがないコードでは、デシジョンのelseやdefaultをテストしなくてもステートメントは網羅できるからです。逆にデシジョンカバレッジ100%はすべての条件判定によりすべてのステートメントを実行するのでステートメントカバレッジ100%になります。ただし、どのような条件判断でも実行されることのない“デッドコード”がないことが前提になります。

他のテスト技法と比較すると、ブラックボックステスト技法や経験ベースのテスト技法で通過しないコードをステートメントテストで網羅できますし、判定されない条件をデシジョンテストで網羅することができます。

経験ベースのテスト技法　シラバス4.4

エラー推測（Error Guessing）　【問題4-12】

経験ベースのテスト技法であるエラー推測は、その名の通りテスト担当者の経験からエラーを推測してテストケースを導き出します。

JSTQBのシラバスでは以下のような知識を挙げています。

- *アプリケーションの過去の動作状況*
- *開発担当者が犯しやすい誤りの種類*
- *他のアプリケーションで発生した故障*

また、エラー推測の系統的アプローチとして、起こりえる誤り、欠陥、故障のリストを作っておき、それを基にテストケースを設計することを挙げています。

経験ベースのテストで思い出されるのが、2019年に起きたストレージのファームウェアの欠陥により32768時間後にデータが消失するというニュースです。筆者は、ファームウェアの稼働時間のカウンタが2バイトの符号付き整数（short int）で実装されており、その最大値である32767を超えて起きるのではと推測しています。なぜそう思うのかというと、開発したシステムを稼働させているOSでログインして放置すると32768分後にフリーズするという類似した欠陥を以前に経験したことがあるからです。この事例は、ブラックボックステスト技法やホワイトボックステスト技法で検出するのは難しく、経験ベースのエラー推測で導き出せる典型的な例です。筆者が参画した開発では、16、32、128、256、32768、65536といった16進数に由来する境界値を経験ベースのテストとして実施することもありました。

探索的テスト（Exploratory Testing）　【問題4-13】

探索的テストは非形式的なテスト技法で、少量のテストケースを実行し、その結果やログなどの評価を手がかりとして次のテストケースを決めてテストを進めます。

JSTQBのシラバスでは以下のようなケースを探索的テストの例として挙げています。

- *仕様書がないあるいは不十分な時*
- *テストのスケジュールに余裕がない*
- *他の形式的なテスト技法を補完する*

筆者も、まったく仕様書がないソフトウェアをお守りすることになった時、1ヶ月の期間を決めてメンバーと分担して、各自が探索的テストをやりながらテスト対象の仕様を探って理解し、欠陥を見つけていくといった経験があります。このような、テストの目的と時間枠を決めて実行する探索的テストを“セッションベースドテスト”と呼びます。テストの目的は“テストチャーター”に記載され、テスト担当者は実行した手順や発見した事象を“テストセッションシート”に文書化することがあります。

探索的テストは、ブラックボックステスト技法、ホワイトボックステスト技法、他の経験ベースのテスト技法と併用できますが、その実施の判断はテスト戦略に基づくべきです。

●チェックリストベースドテスト（Checklist-based Testing）

【問題4-14】

チェックリストベースドテストの考え方は、基本的には第3章のチェックリストベースドレビューと同じで、過去の経験や標準に基づいて作成されたチェックリストを基にテストケースを導き出します。チェックリストは過去の経験などから作成されていることから、特に経験の浅い領域のあるプロジェクトであればテストケースを導き出す有効なリストとなります。一方で、テスト担当者のチェック項目に対する理解の相違により、テストケースに差異が生じるリスクもあります。例えば“境界値テストをすること”というチェック項目に対して、2ポイントの境界値テストだと理解する人と3ポイント境界値テストだと理解する人に分かれる可能性があります。

4.4 要点整理

テスト技法のカテゴリ　シラバス4.1

- テスト技法：テストケースを導き出す技法。JSTQBのシラバスでは、ブラックボックステスト技法、ホワイトボックス技法、経験ベースのテスト技法の３種類に分類している。
- ブラックボックステスト技法：コンポーネントやコードなどテスト対象の中の構造は見えないものとし、入出力値など機能要件や非機能要件の仕様からテストケースを導出するテスト技法。JSTQBのシラバスでは、ブラックボックステスト技法として、同値分割法、境界値分析、デシジョンテーブルテスト、状態遷移テスト、ユースケーステストをブラックボックステスト技法として挙げている。
- ホワイトボックステスト技法：コンポーネントやコードなどテスト対象の中の構造が見える前提で、if文などの構造や処理の過程からテストケースを導出するテスト技法。JSTQBのシラバスでは、ステートメントテスト、デシジョンテストをホワイトボックステスト技法として挙げている。
- 経験ベースのテスト技法：テストをする担当者の経験からテストケースを導出するテスト技法。JSTQBのシラバスでは、エラー推測、探索的テスト、チェックリストベースドテストを挙げている。

ブラックボックステスト技法　シラバス4.2

- 同値分割法：テスト対象の入力、出力、時間などの値をグルーピングして、それぞれの代表値をテストケースとして導き出すテスト技法。
- 同値パーティション：同値分割法で用いる、同じ処理をする値のグループ
- 無効同値パーティション：同値分割法で用いる、無効な値のグループ
- 境界値分析：同値分割法の応用で隣接するパーティションの値をテストケースとして導き出すテスト技法。
- ３ポイント境界値分析：境界値分析の一種で、境界値とその前後の３つの値

からテストケースを導き出すテスト技法。

- デシジョンテーブルテスト：テスト対象で行われる判定（デシジョン）に基づき、デシジョンテーブルに記載されている判定をテストケースとして導き出すテスト技法。
- 状態遷移テスト：テスト対象の状態に基づき、状態遷移図や状態遷移表から状態遷移をテストケースとして導き出すテスト技法。
- ユースケーステスト：テスト対象のユースケース記述に基づき、振る舞いからテストケースを導き出すテスト技法。JSTQBのシラバスでは、基本、例外または代替処理、エラー処理を振る舞いの種類として挙げている。

ホワイトボックステスト技法　シラバス4.3

- ステートメントテスト：テスト対象内部のステートメントについてテストケースを導き出すテスト技法
- ステートメントカバレッジ：コードカバレッジの一種で、ステートメントテストで用いられる。テスト対象の全ステートメントのうちテストで実行したステートメントの割合。テスト対象すべてのステートメントがテストされると、ステートメントカバレッジ100%となる。
- デシジョンテスト：テスト対象内部のデシジョン（条件判断）についてテストケースを導き出すテスト技法。
- デシジョンカバレッジ：コードカバレッジの一種で、デシジョンテストで用いられる。テスト対象の全デシジョンのうちテストで実行したデシジョンの割合。デシジョンカバレッジ100%の場合、ステートメントカバレッジ100%となるが逆は成立しない。if文のelseがないコードやswitch-case文のdefaultがないコードでも条件判断は存在し、カバレッジとして考慮する。

経験ベースのテスト技法　シラバス4.4

- エラー推測：テスト担当者の経験からエラーを推測してテストケースを導き出すテスト技法。
- 探索的テスト：形式化されておらず、テストをやりながら結果やログなどを評価して次のテストをするテスト技法。

- チェックリストベーステスト：過去の経験や標準に基づいて作成されたチェックリストを基にしてテストケースを導き出すテスト技法。テスト担当者のチェック項目に対する理解の相違によりテストケースに差異が生じるリスクがある。

第 5 章 テストマネジメント

テストマネジメントは、第1章で説明したテストプロセスのうち「テスト計画」「テストのモニタリングとコントロール」「テスト完了」の活動が該当し、これらの活動を通してテストを成功に導くことがテストマネージャーの責務となります。

本章ではテストマネジメントについて第1章から深掘りして、テストの組織、テスト計画と見積り、モニタリングとコントロールの詳細と、テストマネジメントに不可欠な構成管理、リスクマネジメント、欠陥マネジメントについて理解していきます。

なお、本章ではテストマネジメントをより体系的に理解できるように、プロジェクトマネジメントのデファクトスタンダードであるPMBOK（プロジェクトマネジメント知識体系）を用いています。

5.1 問題

※解答は173ページ、解説は175ページ

問題5-1

FL-5.1.1 K2

独立したテストの説明で適切ではないのは？

- □ (1) 開発者とテスト担当者との認知バイアスの違いによって、効果的に欠陥を発見できる
- □ (2) 開発者が自分のコードにある欠陥を検出するよりも効率的である
- □ (3) 開発チームへのフィードバックの遅延や対立を招くことがある
- □ (4) 開発者の品質に対する責任感が薄れることがある

問題5-2

FL-5.1.2 K1

テストマネージャーの典型的なタスクの例は？

- □ (1) 要件、ユーザーストーリー、受け入れ基準を分析、レビュー、評価する
- □ (2) テストケース、テスト条件、テストベースの間のトレーサビリティを確立する
- □ (3) テスト環境を設計、セットアップし、検証する
- □ (4) プロジェクトマネージャーやプロダクトオーナーとテスト計画書の内容を調整する

問題5-3

FL-5.1.2 K1

テスト担当者の典型的なタスクの例は？

☐ (1) テスト計画のレビューをする

☐ (2) 組織のテストポリシーやテスト戦略を開発もしくはレビューする

☐ (3) プロジェクトの背景を考慮し、テスト目的とリスクを理解してテスト活動を計画する

☐ (4) テスト計画書の作成と更新をする

問題5-4

FL-5.2.1 K2

テスト計画の活動として最も適切ではないものは？

☐ (1) テスト分析、設計、実装、実行、評価の活動をスケジューリングする

☐ (2) テストのモニタリングとコントロールのためのメトリクスを選ぶ

☐ (3) テスト活動の予算を決定する

☐ (4) テストすべきフィーチャーを識別する

問題5-5

FL-5.2.1 K2

テスト計画書の記載内容として最も適切ではないものは？

☐ (1) テストのスコープ、目的、リスク

☐ (2) テストアプローチ

☐ (3) テストケース

☐ (4) テスト対象

問題5-6

FL-5.2.2 K2

テスト戦略で「分析的テスト戦略」の説明で適切なのは？

- □ (1) 例えば、リスクのレベルに基づいてテストの優先度付けするリスクベースドテストがある
- □ (2) 例えば、機能、ビジネスプロセス、内部構造、非機能特性などのモデルに基づいてテストを設計する
- □ (3) 事前に定義した一連のテストケースまたはテスト条件を体系的に使用する
- □ (4) 業界固有の標準などのルールや標準を使用してテストの分析、設計、実装を行う

問題5-7

FL-5.2.2 K2

テスト戦略で「モデルベースドテスト戦略」の説明で適切なのは？

- □ (1) 事前に定義した一連のテストケースまたはテスト条件を体系的に使用する
- □ (2) 例えば、機能、ビジネスプロセス、内部構造、非機能特性などのモデルに基づいてテストを設計する
- □ (3) 業界固有の標準などのルールや標準を使用してテストの分析、設計、実装を行う
- □ (4) 外部の専門家などからの助言、ガイダンス、指示に基づいてテストを行う

問題5-8

FL-5.2.2 K2

テスト戦略で「系統的テスト戦略」の説明で適切なのは？

- □ (1) 業界固有の標準などのルールや標準を使用してテストの分析、設計、実装を行う
- □ (2) 外部の専門家などからの助言、ガイダンス、指示に基づいてテストを行う

□ (3) 既存のテストウェア、自動化されたテスト、標準テストスイートの再利用が含まれる
□ (4) 事前に定義した一連のテストケースまたはテスト条件を体系的に使用する

問題5-9

FL-5.2.2 K2

テスト戦略で「プロセス準拠テスト戦略」の説明で適切なのは？

□ (1) 業界固有の標準などのルールや標準を使用してテストの分析、設計、実装を行う
□ (2) 外部の専門家などからの助言、ガイダンス、指示に基づいてテストを行う
□ (3) 既存のテストウェア、自動化されたテスト、標準テストスイートの再利用が含まれる
□ (4) テストは事前に計画されず、先行のテスト結果から得られた知識に応じてテストをする

問題5-10

FL-5.2.2 K2

テスト戦略で「指導ベーステスト戦略」の説明で適切なのは？

□ (1) 既存のテストウェア、自動化されたテスト、標準テストスイートの再利用が含まれる
□ (2) テストは事前に計画されず、先行のテスト結果から得られた知識に応じてテストをする
□ (3) 外部の専門家などからの助言、ガイダンス、指示に基づいてテストを行う
□ (4) 対処的戦略では、探索的テストを一般的に使用する。

問題5-11

FL-5.2.2 K2

テスト戦略で「リグレッション回避テスト戦略」の説明で適切なのは？

□ (1) テストは事前に計画されず、先行のテスト結果から得られた知識に応じてテストをする

□ (2) 対処的戦略では、探索的テストを一般的に使用する。

□ (3) 例えば、リスクのレベルに基づいてテストの優先度付けするリスクベースドテストがある

□ (4) 既存のテストウェア、自動化されたテスト、標準テストスイートの再利用が含まれる

問題5-12

FL-5.2.2 K2

テスト戦略で「対処的テスト戦略」の説明で適切なのは？

□ (1) 探索的テストを一般的に使用する

□ (2) テストは事前に計画されず、先行のテスト結果から得られた知識に応じてテストをする

□ (3) 例えば、リスクのレベルに基づいてテストの優先度付けするリスクベースドテストがある

□ (4) 例えば、機能、ビジネスプロセス、内部構造、非機能特性などのモデルに基づいてテストを設計する

問題5-13

FL-5.2.3 K2

テストの開始基準として適切ではないものは？

□ (1) テスト可能な要件

□ (2) テスト環境の準備

□ (3) テストデータの準備

□ (4) テスト開始日

問題5-14

FL-5.2.3 K2

テストの終了基準として適切ではないものは？

□ (1) 計画したテスト実行の完了

□ (2) 費やした時間

□ (3) カバレッジの達成

□ (4) 残存欠陥件数

問題5-15

FL-5.2.4 K3

テスト実行スケジュールとして適切な順序は？

・テストケースA：優先度＝高（テストケースDに依存）

・テストケースB：優先度＝中（テストケースCに依存）

・テストケースC：優先度＝中

・テストケースD：優先度＝低

□ (1) A、C、B、D

□ (2) C、D、A、B

□ (3) D、A、C、B

□ (4) A、B、C、D

問題5-16

FL-5.2.5 K1

テスト工数に影響を与える要因として最も関係しないものは？

□ (1) プロダクトリスク

□ (2) テストベースの品質

□ (3) プロダクトの規模

□ (4) プロダクトの価格

問題5-17

FL-5.2.6 **K2**

メトリクスを活用するテスト見積りの例ではないものは？

□ (1) アジャイル開発でのバーンダウンチャート

□ (2) アジャイル開発でのプランニングポーカー

□ (3) シーケンシャル開発での欠陥除去モデル

□ (4) 欠陥の量や除去にかけた時間を、類似の特性を持つ将来のプロジェクトを見積る際のベースとする

問題5-18

FL-5.2.6 **K2**

専門家の知識を基にするテスト見積りの例ではないものは？

□ (1) アジャイル開発でのバーンダウンチャート

□ (2) アジャイル開発でのプランニングポーカー

□ (3) シーケンシャル開発でのワイドバンドデルファイ見積り技法

□ (4) フィーチャーをリリースするために必要な工数をチームメンバー自身の経験に基づいて見積る

問題5-19

FL-5.3.1 **K1**

モニタリングとコントロールのメトリクスとして適切ではないものは？

□ (1) 計画したテストケースの準備が完了した割合
□ (2) 計画したテスト環境の準備が完了した割合
□ (3) 実行済みや未実行のテストケース数
□ (4) テスト対象のステートメント数

問題5-20

FL-5.3.2 K2

テストレポートの目的、内容、および読み手について最も適切ではないものは？

□ (1) テストレポートの目的は、テスト期間中や終了時点でのテスト活動に関する情報を要約し周知すること
□ (2) モニタリングとコントロールでは、テストマネージャーがステークホルダー向けに定期的にテスト進捗レポートを発行する
□ (3) アジャイル開発では、テスト進捗レポートはない
□ (4) 終了基準を達成したら、テストマネージャーはテストサマリーレポートを作成する

問題5-21

FL-5.3.2 K2

テストレポートについて最も適切ではないものは？

□ (1) テストレポートの内容は、テンプレートで決めた内容にするとよい
□ (2) テスト活動の期間中に作成するテストレポートはテスト進捗レポートと呼ぶことが多い
□ (3) テスト活動の終了時に作成するテストレポートはテストサマリーレポートと呼ぶことが多い
□ (4) テストレポートの内容は、プロジェクト、組織の要件、ソフトウェア開発ライフサイクルによって異なる

問題5-22

FL-5.4.1 K2

構成管理について最も適切ではないものは？

☐ (1) すべてのテストアイテムを一意に識別して、バージョンコントロールを行い、変更履歴を残し、各アイテム間を関連付ける

☐ (2) テスト実装で、構成管理手順とインフラストラクチャー（ツール）を定義して実装する必要がある

☐ (3) テストプロセス全体でトレーサビリティを維持できるように、テストウェアのすべてのアイテムを一意に識別して、バージョンコントロールを行い、変更履歴を残し、各アイテム間を関連付ける

☐ (4) 識別したすべてのドキュメントとソフトウェアアイテムは、テストドキュメントで明確に参照される

問題5-23

FL-5.5.1 K1

リスクレベルについて最も適切なのは？

☐ (1) 事象が起きる可能性とその根本原因

☐ (2) 事象が起きる可能性

☐ (3) 事象の影響度

☐ (4) 事象が起きる可能性とその影響度

問題5-24

FL-5.5.2 K2

プロダクトリスクとして適切なのは？

☐ (1) リリースやタスク完了が遅延するリスク

☐ (2) テスト担当者がテスト結果の十分性を上手く伝えられないリスク

☐ (3) ソフトウェアの機能が仕様通りに動かないリスク

□ (4) 要件が十分に定義できないリスク

問題5-25

FL-5.5.2 K2

プロジェクトリスクとして適切なのは？

□ (1) ソフトウェアの機能がユーザーのニーズ通りに動かないリスク
□ (2) システムアーキテクチャーが非機能要件を十分に満たさないリスク
□ (3) 特定の計算結果が状況によって正しくないリスク
□ (4) プロジェクト終盤での変更により作業の大規模なやり直しが発生するリスク

問題5-26

FL-5.5.3 K2

リスクベースドテストのアプローチについて最も関係のないものは？

□ (1) プロダクトリスクを軽減する予防的措置を講じる
□ (2) プロダクトバックログやバーンダウンチャートを使う
□ (3) リスク分析によりプロダクトリスクを識別し、各リスクの発生する可能性とその影響を評価する
□ (4) 得られたプロダクトリスクの情報を、テスト計画、仕様、テストケースの準備と実行、テストのモニタリングとコントロールに役立てる

問題5-27

FL-5.5.3 K2

動的テストでのリスクベースドテストのリスク分析の結果がテストに影響する例として最も関係のないものは？

□ (1) テスト技法やテストタイプの選択
□ (2) テストを実行する範囲
□ (3) リリース日の遅延
□ (4) テストの優先順位

問題5-28

FL-5.6.1 K3

欠陥レポートに記載する内容として必要性が最も低いものは？

□ (1) それまでに実行したテストケース数
□ (2) 発生した事象についての情報
□ (3) 作業成果物の品質とテストへの影響を追跡する手段
□ (4) 開発プロセスとテストプロセスを改善するためのヒント

問題5-29

FL-5.6.1 K3

動的テストの欠陥レポートに記載する内容として必要性が最も低いものは？

□ (1) テストアイテムおよび環境についての情報
□ (2) ログ、ダンプ、スクリーンショットなど欠陥の再現と解決を可能にする詳細な説明
□ (3) 期待される結果と実際の結果
□ (4) 欠陥の数

5.2 解答

問題	解答	説明
5-1	**2**	開発担当者は独立したテスト担当者よりも自分のコードにある多くの欠陥を効率的に検出できます。
5-2	**4**	テストマネージャーはテスト計画に責務があるので、調整する役割も担います。
5-3	**1**	テスト担当者は、テスト計画のレビューに貢献します。
5-4	**4**	テストすべきフィーチャーを識別するのは、テスト分析の活動です。
5-5	**3**	テストケースは、テスト計画書には記載されません。
5-6	**1**	分析的テスト戦略には、リスクのレベルに基づいてテストの優先度付けするリスクベースドテストがあります。
5-7	**2**	モデルベースドテスト戦略では、例えば機能、ビジネスプロセス、内部構造、非機能特性などのモデルに基づいてテストを設計します。
5-8	**4**	系統的テスト戦略では、事前に定義した一連のテストケースまたはテスト条件を体系的に使用します。
5-9	**1**	プロセス準拠テスト戦略では、業界固有の標準などのルールや標準を使用してテストの分析、設計、実装を行います。
5-10	**3**	指導ベーステスト戦略では、外部の専門家などからの助言、ガイダンス、指示に基づいてテストを行います。
5-11	**4**	リグレッション回避テスト戦略では、既存のテストウェア、自動化されたテスト、標準テストスイートの再利用が含まれます。
5-12	**2**	対処的テスト戦略では、テストは事前に計画されず、先行のテスト結果から得られた知識に応じてテストをします。
5-13	**4**	日時は、開始基準ではありません。
5-14	**2**	費やした時間は終了基準ではありません。終了基準を満たしていない場合の要因にはなりえます。
5-15	**3**	最も高い優先度を持つテストケースから実行するのが原則で、依存関係がある場合は依存しているテストケースから実行します。
5-16	**4**	価格はプロダクトに直接関係する品質特性ではありませんのでテスト工数にも影響を与えません。
5-17	**2**	プランニングポーカーは参加者それぞれの見積りを基にしているので、専門家の知識を基にする見積りに分類されます。
5-18	**1**	バーンダウンチャートは、実績工数をベロシティとして次のイテレーションでチームがこなせる作業量を決めることから、メトリクスを基にしたアプローチに分類されます。
5-19	**4**	ステートメント数はテスト前に既知で、進捗は測れません。
5-20	**3**	アジャイル開発では、テスト進捗レポートをタスクボード、欠陥サマリー、バーンダウンチャートに組み込んで、日々のスタンドアップミーティングで討議することがあります。

問題	解答	説明
5-21	**1**	テストレポートの内容は、プロジェクトの状況に応じて、さらにはレポートの読み手に応じてテーラリングします。
5-22	**2**	構成管理手順とインフラストラクチャー（ツール）を定義して実装するのはテスト計画中に行います。
5-23	**4**	リスクレベルは、事象が起きる可能性とその影響度です。
5-24	**3**	ソフトウェアの機能が仕様通りに動かないリスク以外は、プロジェクトリスクです。
5-25	**4**	プロジェクト終盤での変更により作業の大規模なやり直しが発生するリスク以外は、プロダクトリスクです。
5-26	**2**	プロダクトバックログやバーンダウンチャートはアジャイル開発のプロジェクトマネジメント技法です。
5-27	**3**	リリース日の遅延はプロジェクトリスクで、リスクベースドテストのリスク分析の対象はプロダクトリスクです。
5-28	**1**	欠陥レポートは個々の欠陥についてのレポートで、実行したテストケース数はテストレポートの記載項目です。
5-29	**4**	欠陥レポートは個々の欠陥についてのレポートで、ある時点での欠陥の数はテストレポートの記載項目です。

5.3 解説

テスト組織　シラバス5.1

●独立したテスト（Independent Testing）　【問題5-1】

開発担当者が開発したコードを自分でテストするというのはコンポーネントテストでは想像しがちですが、「テストの原則6：テストは状況次第」で説明したようにソフトウェアの重要性や欠陥によるリスクが高まると、独立したテストの必要性も高まります。独立したテストとは、開発担当者以外の人がテストをすることで、第2章のテストレベルで説明したユーザー受け入れテスト、運用受け入れテスト、契約による受け入れテスト、規制による受け入れテスト、アルファテスト、ベータテストなどは独立したテストの典型です。受け入れテスト以外のテストレベルでもテストチームやテスト部門がテスト担当者となることもあります。

ユーザー、運用担当者、顧客、あるいはプロジェクト内のテスト担当者といった開発担当者以外の立場の人がテスト担当者となって、それぞれの観点でテストをすることにより開発担当者がテストをするよりも欠陥を効率的に検出できます。第1章で説明したように開発担当者とテスト担当者では、認知バイアスやマインドセットが異なるからです。

JSTQBのシラバスでは、テストの独立性の度合いの例として以下を挙げています。独立性が低いレベルから高いレベルに列挙しています。

- *独立したテスト担当者不在（開発担当者が自分のコードをテストするのみ）。*
- *開発チーム、またはプロジェクトチーム内に所属する、独立した開発担当者、またはテスト担当者（開発担当者が同僚の成果物をテストすることもある）。*
- *組織内にある独立したテストチームまたはグループで、プロジェクトマネージャーや上位管理者の直属組織。*
- *顧客またはユーザーコミュニティから派遣された独立したテスト担当者、または、使用性、セキュリティ、性能、規制/標準適合性、移植性など、ある*

特定のテストタイプを専門に行う独立したテスト担当者。

- *組織外の独立したテスト担当者。オンサイト（インソーシング）またはオフサイト（アウトソーシング）で作業する。*

注意点は、独立したテストが欠陥を効率的に検出できるからといって開発担当者がテストをせずにテスト担当者に丸投げが良いわけではないことです。テストの独立性はテスト対象を熟知していることの代わりにはならず、開発担当者は独立したテスト担当者よりも自分のコードにある多くの欠陥を効率的に検出できます。

JSTQBのシラバスでは、独立したテストの利点と欠点として以下を挙げています。

- *利点*

  独立したテスト担当者は、開発担当者とは異なる背景、技術的視点、バイアスを持つため、開発 担当者とは異なる種類の故障を検出する可能性が高い。

  独立したテスト担当者は、仕様作成時および実装時にステークホルダーが行った仮定について、検証、説明の要求、または反証を行うことができる。

- *欠点*

  開発チームから隔絶されると、協力関係の欠落、開発チームへのフィードバック提供の遅延、開発チームとの対立を招くことがある。

  開発担当者の品質に対する責任感が薄れることがある。

  独立したテスト担当者は、ボトルネックとして見られたり、リリース遅延で責任を問われたりすることがある。

  独立したテスト担当者にテスト対象の情報などの重要な情報が伝わらないことがある。

● テストマネージャーとテスト担当者のタスク

第1章で取り上げたようにテストプロセスは**図5-1**のような活動に分類されます。これらのプロセスを実行する役割として、JSTQBのシラバスでは“テストマネージャー”と“テスト担当者”を挙げています。

図5-1：テストプロセス

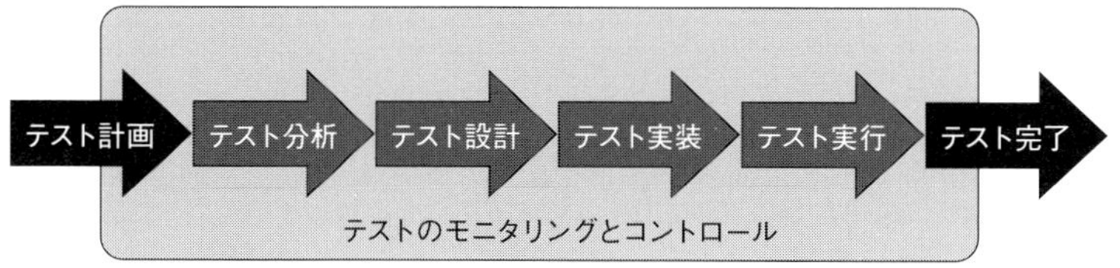

● **テストマネージャー**（Test Manager） 【問題5-2】

テストマネージャーは、プロジェクトマネージャーのテストプロセス限定といった役割で、テストを計画し、テスト分析からテスト実行までの状況を把握（モニタリング）して必要であれば計画を是正（コントロール）し、テスト実行が終了基準に達するか中止を決定するとテストを完了するといったマネジメントを主導することと、その説明責任を負います。小規模のプロジェクトではプロジェクトマネージャーが兼務することもあります。

JSTQBのシラバスでは、テストマネージャーの典型的なタスクとして以下を挙げています。

- *組織のテストポリシーやテスト戦略を開発もしくはレビューする。*
- *プロジェクトの背景を考慮した上で、テスト目的とリスクを理解してテスト活動を計画する。これにはテストアプローチの選択、テストにかかる時間/工数/コストの見積り、リソースの獲得、テストレベルやテストサイクルの定義、欠陥マネジメントの計画を含む。*
- *テスト計画書を作成し更新する。*
- *プロジェクトマネージャー、プロダクトオーナーなどの間でテスト計画書の内容を調整する。*
- *テスト側の考え方を、統合計画などの他のプロジェクト活動と共有する。*
- *テストの分析、設計、実装、実行の開始を宣言し、テスト進捗とテスト結果をモニタリングし、終了基準（または完了（done）の定義）のステータスを確認する。*
- *テスト進捗レポートとテストサマリーレポートを、収集した情報に基づいて準備し配布する。*
- *（テスト進捗レポートおよび/またはプロジェクトで既に完了しているテス*

トのテストサマリーレポートで報告済みの）テスト結果やテスト進捗に基づいて計画を修正し、テストコントロールのために必要なあらゆる対策を講じる。

- *欠陥マネジメントシステムのセットアップと、テストウェアの適切な構成管理を支援する。*
- *テスト進捗の計測、およびテストや対象プロダクトの品質の評価のために、適切なメトリクスを導入する。*
- *テストプロセスで使うツールの選択と実装を支援する。これには、ツール選択（および、購入および/またはサポート）のための予算の提案、パイロットプロジェクトのための時間と工数の割り当て、継続的なツール使用支援の提供を含む。*
- *構築するテスト環境を決定する。*
- *組織内のテスト担当者、テストチーム、テスト専門職を昇格および支持する。*
- *テスト担当者のスキルアップとキャリアアップを促す（トレーニング計画、業績評価、コーチングなどを使用）。*

● テスト担当者（Tester）　　【問題5-3】

テスト担当者は、テストプロセスのテスト分析からテスト実行までの詳細な実行スケジュールやテストケースを作成してテストウェアを実行する実行責任を負います。また、その活動の根拠となるテストマネージャーが作成したテスト計画をレビューしてテストマネジメントに貢献もします。

JSTQBのシラバスでは、テスト担当者の典型的なタスクとして以下を挙げています。

- *テスト計画書のレビューによって貢献する。*
- *試験性のために、要件、ユーザーストーリーと受け入れ基準、仕様、モデル（すなわち、テストベース）を分析し、レビューし、評価する。*
- *テスト条件を識別して文書化し、テストケース、テスト条件、テストベースの間のトレーサビリティを確立する。*
- *テスト環境（システムアドミニストレーションやネットワークマネジメントと協調する場合が多い）を設計、セットアップし、検証する。*

- *テストケースとテスト手順を設計し実装する。*
- *テストデータを作成、および入手する。*
- *詳細なテスト実行スケジュールを作成する。*
- *テストケースを実行し、結果を評価して、期待結果からの逸脱を文書化する。*
- *適切なツールを使用して、テストプロセスを円滑にする。*
- *必要に応じてテストを自動化する(開発担当者や、テスト自動化の専門家の支援が必要な場合がある)。*
- *性能効率性、信頼性、使用性、セキュリティ、互換性、移植性などの非機能特性を評価する。*
- *他の人が開発したテストケースをレビューする。*

テストの計画と見積り　シラバス5.2

テスト計画書の目的　【問題5-4】

テストマネジメントの基本的な活動はプロジェクトマネジメントに準じており、テストの目的やスコープを規定して、モニタリングとコントロールを円滑に進め、テストを成功に導くことです。そのためにテストの活動を計画するのがテスト計画書で、テストプロセスの「テスト計画」で作成します。テスト計画書はテストを開始したら作りっぱなしではありません。テストの分析、設計、実装、実行の状況をモニタリングして、計画と差異がないか、未知のことが起きていないかを評価して、もし見積りとの著しい差異や未知のリスクを識別し、その対処が必要であればコントロールの活動としてテスト計画書を更新していきます。

テスト計画書は、プロジェクトの規模、ソフトウェア開発ライフサイクル、テストレベル、テストの実施単位、テストタイプなどに応じて、マスターテスト計画書と個別のテスト計画書に分けて作成することもあります。また、テスト計画書はプロジェクト計画書の一部に組み込まれることもあります。

JSTQBのシラバスではテスト計画の活動として以下を挙げています。

- *テストの範囲、目的、リスクを決定する。*
- *テストに対する包括的なアプローチを定義する。*

- *テスト活動をソフトウェアライフサイクルでの活動に統合し、協調させる。*
- *何をテストするか、さまざまなテスト活動でどのような人的リソースとその他のリソースが必要であるか、どのようにテスト活動を進めるかを決める。*
- *テスト分析、設計、実装、実行、評価の活動を、特定の日付でスケジューリングする。*
- *テストのモニタリングとコントロールのためのメトリクスを選ぶ。*
- *テスト活動の予算を決定する。*
- *テストドキュメントの詳細レベルと構造を決定する。*

● テスト計画書の内容 【問題5-5】

テスト計画書の内容は概念的にはプロジェクト計画書と同じで、プロジェクト計画書をテスト固有にテーラリング（カスタマイズ）した記載内容になります。JSTQBのシラバスが参考として挙げている国際規格ISO/IEC/IEEE 29119-3のテスト計画書は、コラム「テストドキュメントの国際規格ISO/IEC/IEEE 29119-3 Part2」（205ページ）を参照してください。

テスト計画書への記載内容を、プロジェクトマネジメントのデファクトスタンダードであるPMBOK（プロジェクトマネジメント知識体系）の知識エリアを用いて分類すると次のようになります。

- 統合マネジメント

テストの目的、テストアプローチ、開始基準、終了基準、変更管理の運用、モニタリングとコントロールのために収集するメトリクスや実施手順

- スコープマネジメント

テストのスコープ（テスト対象、テストアイテム）、データ要件、環境要件

- スケジュールマネジメント

テストの分析、設計、実装、実行のタスクとそのスケジュール

- コストマネジメント

テストにかかる費用とその明細

- 品質マネジメント

テストの品質メトリクス、欠陥マネジメント

- 資源マネジメント

テストの体制、役割と権限、要員の割り当て

- コミュニケーションマネジメント
  テスト関係者へのテストレポートなどの連絡手段や報告手段
- リスクマネジメント
  識別しているリスクとその影響度
- 調達マネジメント
  人材やツールなどテストに必要な調達内容
- ステークホルダーマネジメント
  テストのステークホルダーとそのかかわり方

テスト戦略とテストアプローチ　シラバス5.2.2

● テスト戦略（Test Strategy）

テスト戦略とは、テスト対象の特性、テストレベル、組織の制約などテストの要件を考慮してテストを成功に導くために用意した汎用的な戦略です。テスト戦略に基づいて、戦術であるテスト技法、テストレベル、テストタイプの選択や開始基準と終了基準の定義を行います。

JSTQBのシラバスでは、テスト戦略の一般的な種類として以下を挙げています。これらのどれか1つをテスト戦略に決めるわけではなく、要因に応じて複数のテスト戦略を適切に組み合わせて効果的なテスト戦略にします。

- *分析的テスト戦略*
- *モデルベースドテスト戦略*
- *系統的テスト戦略*
- *プロセス準拠テスト戦略または標準準拠テスト戦略*
- *指導ベーステスト戦略*
- *リグレッション回避テスト戦略*
- *対処的テスト戦略*

● テストアプローチ（Test Approach）

テストをする組織が汎用的に用意したものを“テスト戦略”と呼び、特定のプロジェクトの複雑さ、ゴール、プロダクトの種類、プロダクトリスク分析結果などの要因を考慮して具体化したものを“テストアプローチ”と呼びます。

JSTQBのシラバスでは、テスト戦略からテストアプローチを決める上で考慮するべきプロジェクトの要因として以下を挙げています。

- *リスク*
- *安全性*
- *リソースとスキル*
- *技術*
- *システムの性質（カスタムメイド、COTS）*
- *テスト目的*
- *法規制*

● 分析的テスト戦略（Analytical Test Strategy）　【問題5-6】

要件やテストアプローチで考慮する要因の分析に基づいてテスト設計や優先度付けをするテスト戦略です。テストタイプは、要件に関係する機能テスト、非機能テストが特に関係します。使われるテスト技法には、ブラックボックステスト技法の同値分割法と境界地分析、ホワイトボックステスト技法のステートメントテストとデシジョンテスト、経験ベースのテスト技法のエラー推測があります。また、後述するリスク分析に基づくテストである“リスクベースドテスト”も用いられます。

● モデルベースドテスト戦略（Model-based Test Strategy）【問題5-7】

プロダクトの要件定義で使われるモデルに基づいてテスト設計や優先度付けをする戦略です。テストタイプは、機能テスト、非機能テストが特に関係します。使われるテスト技法には、ブラックボックステスト技法のデシジョンテーブルテスト、状態遷移テスト、ユースケーステストがあります。モデルには、ビジネスプロセスモデル、ユースケースモデル、状態遷移図や状態遷移表、デシジョンテーブル、**図5-2**の信頼度成長モデルなどが使われます。信頼性成長モデルはテストにかけた時間や工数に対して累積欠陥がどのように推移していくかのモデルで、それまでにかけた時間や工数から残存する欠陥を予測するためのモデルです。

図5-2：信頼性成長モデル

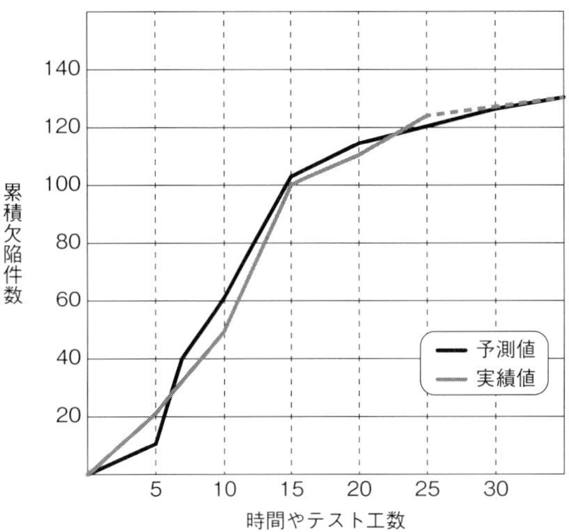

● 系統的テスト戦略（Methodical Test Strategy） 【問題5-8】

事前に定義した一連のテストケースやテスト条件を体系的に使用するテスト戦略です。事前に定義されているものには、組織の品質標準、チェックリスト、体系的な故障リスト、重要な品質特性のリスト、企業のルックアンドフィール標準などがあります。使われるテスト技法には、経験ベースのテスト技法のチェックリストベースドテストがあります。

● プロセス準拠テスト戦略（Process-compliant Test Strategy）または標準準拠テスト戦略（Standard-compliant Test Strategy） 【問題5-9】

事前定義された一連のプロセス、法律、業界固有の標準、組織の標準に従うテスト戦略です。プロセスは、参照するドキュメント、用いるテストベースやテストオラクル、テストチームの体制などから構成されます。実施するテストタイプやテスト技法は、準拠するプロセスや標準に依存します。関連するテストレベルとしては、契約による受け入れテスト、規制による受け入れテストがあります。

● 指導ベーステスト戦略（Consultative Test Strategy）　【問題5-10】

コンサルテーションベースのテスト戦略とも呼ばれ、外部や組織のステークホルダー、業界（ビジネスドメイン）の専門家、技術の専門家からのコンサルティング（助言、ガイダンス、指導）に基づくテスト戦略です。実施するテストタイプやテスト技法は、指導内容に依存します。

● リグレッション回避テスト戦略（Regression-averse Test Strategy）　【問題5-11】

既に実現していた部分に他の変更によって欠陥が混入することをリグレッションと呼びますが、そのリグレッションが混入することを回避するテスト戦略です。テストタイプは、リグレッションテストが特に関係します。テストケースやテストデータを含む既存のテストウェアを再利用したり、リグレッションテストをツールで自動化したり、標準テストスイートを再利用するといったことを計画します。

● 対処的テスト戦略（Reactive Test Strategy）　【問題5-12】

テスト対象をテストした結果から、必要に応じて対処していくテスト戦略です。したがってテストは事前に計画されず、先行して実施したテスト結果から得られた欠陥の傾向などから必要に応じて実施します。実施すると判断したらテストはすぐに設計・実装し、実行を開始します。使われるテスト技法には、探索的テストがあります。

開始基準と終了基準（準備完了（ready）の定義と完了（done）の定義）　シラバス5.2.3

テストプロセスのテスト分析、設計、実装、実行など各タスクには開始基準と終了基準を定義することにより、テストのモニタリングとコントロールにおいてタスクの開始や終了に一貫性のある判断ができ、ソフトウェアとテストプロセスの品質、すなわちプロダクト品質とプロセス品質を効果的に保つことができます。基準がない、あるいは曖昧なままテストプロセスを進めると、期日になったので開始や終了するといったことになって、結果的に、後続タスクの難易度が高まり、作業時間が増えて、コストが増えて、失敗するリスクが高まります。開始基準と終了基準は、タスクの開始と終了だけでなく、テストプロセス全体と、テストの目的に応じてテストレベルごと、テストタイプごとに定義します。

アジャイル開発では、開始基準は準備完了（ready）の定義、終了基準は完了（done）の定義が対応します。

● 開始基準（Entry Criteria）　【問題5-13】

開始基準は、そのタスクを始める準備が確かにできていることの基準です。例えば、先行するタスク、テストレベル、テストタイプが終了していることや始めるのに必要な準備ができているかなど、客観的に確認できるものが基準になります。開始日になったからといって開始基準を満たしているというわけではありません。

JSTQBのシラバスでは典型的な開始基準として以下を挙げています。

- *テスト可能な要件、ユーザーストーリー、そして／またはモデル（例えば、モデルベースドテスト戦略に従う場合）が準備できている。*
- *前のテストレベルで終了基準を満たしたテストアイテムが準備できている。*
- *テスト環境が準備できている。*
- *必要なテストツールが準備できている。*
- *テストデータや他の必要なリソースが準備できている。*

● 終了基準（Exit Criteria）　【問題5-14】

終了基準は、そのタスクが確かに終えたことの基準です。例えば、計画した作業を終えたこと、テストタイプやテスト技法のカバレッジが規定した水準以上に達したこと、残存する欠陥件数などテスト対象が規定した品質の水準以上に達したことなど、客観的に確認できるものが基準になります。

例外として、残りの予算、費やした時間、プロダクトを市場にリリースするプレッシャーなどにより終了基準を満たしていなくても切り上げることがあります。その場合は、切り上げることにより生じるリスクをステークホルダーが受け入れる必要があります。

図5-3はISO/IEC25000 SQuaREシリーズでの評価水準の考え方で、測定値

第5章 テストマネジメント

図5-3：評価水準

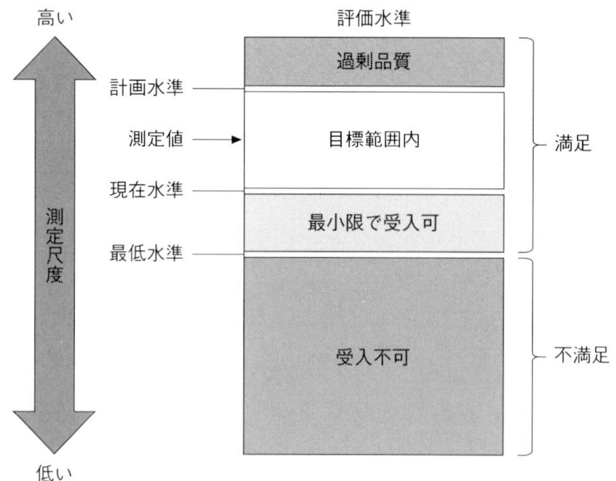

が目標よりも高ければ高いほど良いわけではないことを表しています。目標より水準が高いのを"過剰品質"と呼び、かけた開発コストよりも下げることができた可能性があります。一方で、目標を下回っても何とか許容できる水準（最低水準）以上であれば、先述の例外のように終了基準に達したとして受け入れることができます。

JSTQBのシラバスでは典型的な終了基準として以下を挙げています。

- *計画したテスト実行が完了している。*
- *定義済みのカバレッジ（要件、ユーザーストーリー、受け入れ基準、リスク、コード）を達成している。*
- *未解決の欠陥の件数は合意された制限内である。*
- *残存欠陥の想定数が十分に少ない。*
- *信頼性、性能効率性、使用性、セキュリティ、他の関連する品質特性を十分に評価している。*

テスト実行スケジュール　シラバス5.2.4

● テスト実行スケジュール　【問題5-15】

テストケースの実行スケジュールは、最も優先度の高いテストケースから着手するのが理想です。しかし、優先度の高いテストケースが優先度の低いテストケースが終わらないとできないような依存関係にある場合は、優先度の低いテストケースを優先度の高いテストケースよりも先に実行するように計画する必要があります。依存関係には次のようなものがあります。

- 優先度の低い機能が正常に動かないと、優先度の高い機能が動かない
- 優先度の低いテストケースを先に確認しておかないと、優先度の高いテストケースが正常か判断できない
- 優先度の低いテストケースを先に実行する方が、テストスイートとして効率が良い

テスト工数に影響する要因　シラバス5.2.5

● テスト工数　【問題5-16】

テストの工数は、テスト戦略やプロダクトの特性などによりどのくらいテストするのかによって変わります。また、開発プロセス、テスト担当者のスキル、実施済みのテスト結果などによっても変わります。

ソフトウェアや製品の価格はコストパフォーマンスや費用対効果を評価するのによく使われますが、価格はテストとは独立して決定や変更ができるので、テスト工数に直接関係する品質特性ではありません。ISO/IEC25000 SQuaREシリーズの1つであるISO/IEC25030「品質要求事項」では、機能や非機能特性を“固有の特徴”（Inherent Properties）と呼び、価格、出荷日、製品の将来性、製品供給者などを“割り当てられた特徴”（Assigned Properties）と呼んでおり、固有の特徴はテスト工数に影響しますが、割り当てられた特徴はテスト工数に影響しません。

JSTQBのシラバスでは工数に影響する要因として以下を挙げています。

- *プロダクトの特性*

プロダクトに関連するリスク
テストベースの品質
プロダクトの規模
プロダクトドメインの複雑度
品質特性の要件（例えば、セキュリティ、信頼性）
テストドキュメントの詳細度に関する要求レベル
法規制への適合性の要件

- *開発プロセスの特性*
  組織の安定度合いと成熟度合い
  使用している開発モデル
  テストアプローチ
  使用するツール
  テストプロセス
  納期のプレッシャー
- *人の特性*
  参加メンバーのスキルや経験、特にドメイン知識のような類似プロジェクトやプロダクトのスキルや経験
  チームのまとまりとリーダーシップ
- *テスト結果*
  検出した欠陥の数と重要度
  必要な再作業の量

テスト見積りの技術　シラバス5.2.6

テスト工数の見積り技法には、“メトリクスを活用する見積り技法”と“専門家の知識を基にする見積り技法”があります。

● メトリクスを活用する見積り技法（Metrics-based Technique）

【問題5-17】

メトリクスを活用する見積り技法では、以前の類似したプロジェクトや先行するイテレーションのメトリクスを基にしてテスト工数を見積ります。

図5-4：バーンダウンチャート

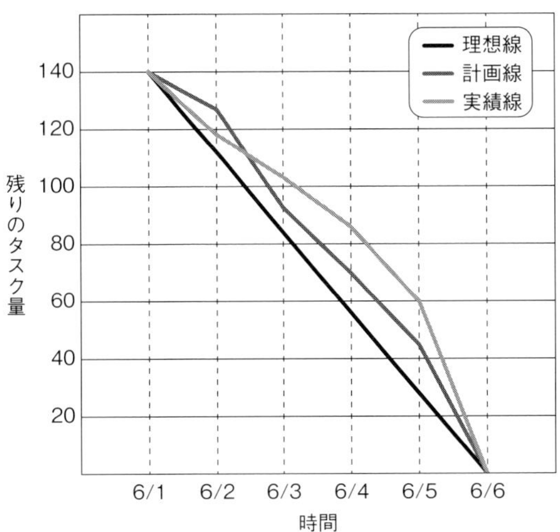

• バーンダウンチャート（Burn Down Chart）

アジャイル開発で使われるバーンダウンチャートは、**図5-4**のように計画と実績を時系列のグラフにしたものです。完了したイテレーションのバーンダウンチャートから自分たちのアジャイルチームのベロシティ（能力）を得て、後続のイテレーションの作業工数を見積ることができるので、メトリクスを基にした見積り技法と言えます。

• 欠陥除去モデル（Defect Removal Models）

シーケンシャル開発で使われる欠陥除去モデルは、開発中に混入した欠陥をどれだけ除去できるかを計測し、テストなどの工程完了時に残存する欠陥数を予測モデルにしたもので、メトリクスを基にした見積り技法と言えます。

● 専門家の知識を基にする見積り技法（Expert-based Technique）

【問題5-18】

専門家の知識を基にする見積り技法は、テストや技術などの専門家やテスト担当者の経験による見積りを基にしてテスト工数を見積ります。

• プランニングポーカー（Planning Poker）

アジャイル開発で使われるプランニングポーカーは、それぞれのフィーチャーをリリースするのに必要な工数を**図5-5**のような工数が書かれたカード

図5-5：プランニングポーカー

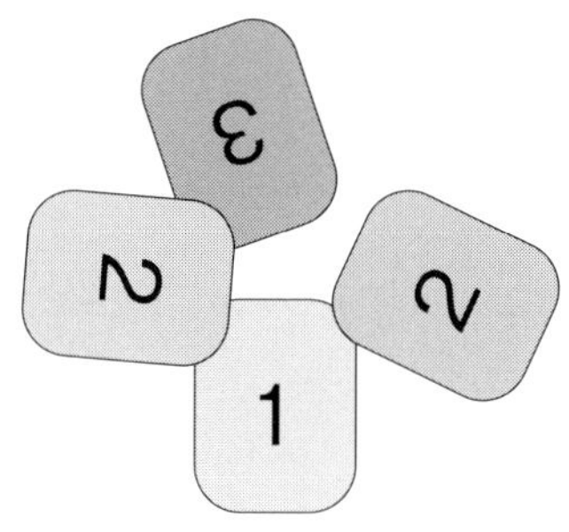

を使ってポーカーのようにチームメンバーが一斉に出して見積る技法です。アジャイルチームメンバー自身の経験に基づいていることから、専門家の知識を基にした見積り技法と言えます。

- ワイドバンドデルファイ見積り技法（Wideband Delphi Estimation Technique）

シーケンシャル開発で使われるワイドバンドデルファイ見積り技法は、一般的な業務での意見集約に使われているデルファイ法を見積りに応用した技法で、タスクの見積りを専門家チーム（開発チームメンバーのこともある）に依頼し、その見積りと根拠を集めて再びチームにフィードバックしながら見積りをする技法です。

テストのモニタリングとコントロール　シラバス5.3

●テストで使用するメトリクス　【問題5-19】

テストプロセスが進行している間にどのような状況かを把握するためにメトリクス（指標）を測ります。メトリクスとその収集方法はテスト計画書で定義し、テストのモニタリングとコントロールや終了時に収集します。メトリクスにはこれまでに取り上げたさまざまなカバレッジも含まれます。収集したメトリクスによって、計画との差異はどの程度あるか、計画は妥当だったか、終了するのに十分かといったことを評価します。テスト対象のステートメント数はコードカバレッジの計算に使われますが、テスト前にわかる値なのでテストのメトリクスではありません。テストの進捗によって変動する値である必要があります。

JSTQBのシラバスでは代表的なテストメトリクスとして以下を挙げています。

- *計画したテストケースの準備が完了した割合*
- *計画したテストケースを実装した割合*
- *計画したテスト環境の準備が完了した割合*
- *テストケースの実行*

  例えば、実行／未実行のテストケース数、合格／不合格のテストケース数、合格／不合格のテスト条件件数
- *欠陥情報*

  例えば、欠陥密度、検出および修正した欠陥数、故障率、確認テスト結果
- *要件、ユーザーストーリー、受け入れ基準、リスク、コードのテストカバレッジ*
- *タスクの完了、リソースの割り当てと稼働状況、工数*
- *テストに費やすコスト*

  現状のコストと、継続して欠陥を見つけていくメリットと比較した場合のコスト、もしくは継続してテストを実行していくメリットと比較した場合のコストなど

第5章 テストマネジメント

テストレポートの目的、内容、読み手　シラバス5.3.2

● テストレポート（Test Report）　【問題5-20、5-21】

テストレポートの目的は、テストプロセスの実施中と終了時にメトリクスなどテスト活動の情報を要約し、ステークホルダーへ周知することです。テストプロセスの実施中に作成するテストレポートを“テスト進捗レポート”と呼び、テスト活動の終了時に作成するテストレポートを“テストサマリーレポート”と呼びます。JSTQBのシラバスが参考として挙げている国際規格ISO/IEC/IEEE 29119-3のテストレポートは、コラム「テストドキュメントの国際規格ISO/IEC/IEEE 29119-3 Part2」（205ページ）を参照してください。

● テスト進捗レポート（Test Progress Report）

テスト進捗レポートは、テストプロセスのモニタリングとコントロールでテストマネージャーが発行し、読み手であるステークホルダーに定期的に配布します。

JSTQBのシラバスでは、典型的なテスト進捗レポートの内容として以下を挙げています。

- *テスト活動の状況とテスト計画書に対する進捗*
- *進捗を妨げている要因*
- *次のレポートまでの間に計画されているテスト*
- *テスト対象の品質*

● テストサマリーレポート（Test Summary Report）

テストサマリーレポートは、終了基準に達成したらテストマネージャーが発行し、読み手であるステークホルダーに配布します。

JSTQBのシラバスでは、典型的なテストサマリーレポートの内容として以下を挙げています。

- *行ったテストの要約*
- *テスト期間中に発生したこと*
- *計画からの逸脱（テスト活動のスケジュール、期間もしくは工数など）*
- *終了基準または完了（done）の定義に対するテストとプロダクト品質の状況*
- *進捗を妨げた、または引き続き妨げている要因*
- *欠陥、テストケース、テストカバレッジ、活動進捗、リソース消費のメトリクス*
- *残存リスク*
- *再利用可能なテスト作業成果物*

● テストレポートの注意点

テストレポートの内容は、いつも同じテンプレートで良いというわけではなく、組織やプロジェクトからの要件やソフトウェア開発ライフサイクルによって異なります。例えば、ステークホルダーが多い大規模で複雑なプロジェクトや法規制を受けるプロジェクトでは、一般的なプロジェクトが作るテストレポートよりも詳細かつ厳密なテストレポートが要求されます。その一方、アジャイル開発ではテスト進捗レポートとしてタスクボード、欠陥サマリー、バーンダウンチャートを使い、レポートを配布するのではなく日々のスタンドアップミーティングで状況を共有し討議します。

テストレポートの読み手に応じて内容を調整することもあります。例えば、欠陥の内容や傾向など詳細な情報を必要とするテストチームと、優先度ごとの欠陥の集計値、消費した予算、スケジュールの状況、テストの合否の集計値といったテストマネジメントの目線で状況を把握したい経営層とでは知りたい情報が異なります。

構成管理　シラバス5.4

● 構成管理（Configuration Management）　【問題5-22】

構成管理の目的は、プロジェクトの作業成果物の一貫性や完全性をソフトウェア開発ライフサイクルやソフトウェアライフサイクルを通して維持することです。例えば**図5-6**のように、あるバージョンのリリースに対して、対応する要件、設計、コード、テストウェア、テスト結果、プロダクトが追跡できるようにします。さらに第1章で説明したテストウェアの中のテストケースを含むテスト環境、テスト手順、テストデータといった構成要素の各バージョンも追跡できるようにします。

比較的コードのバージョン管理は浸透していますが、要件定義書、設計書、テスト計画書、テストレポートといったドキュメントのバージョン管理やトレーサビリティも同様に実現されているのが理想です。構成管理の手順や構成管理ツールは、テストプロセスの「テスト計画」で定義して実装します。

JSTQBのシラバスでは、構成管理で明確にすべき事項として以下を挙げています。

- *全テストアイテムを一意に識別して、バージョンコントロールを行い、変更履歴を残し、各アイテム間を関連付ける。*
- *テストウェアの全アイテムを一意に識別して、バージョンコントロールを行*

図5-6：構成管理のトレーサビリティ

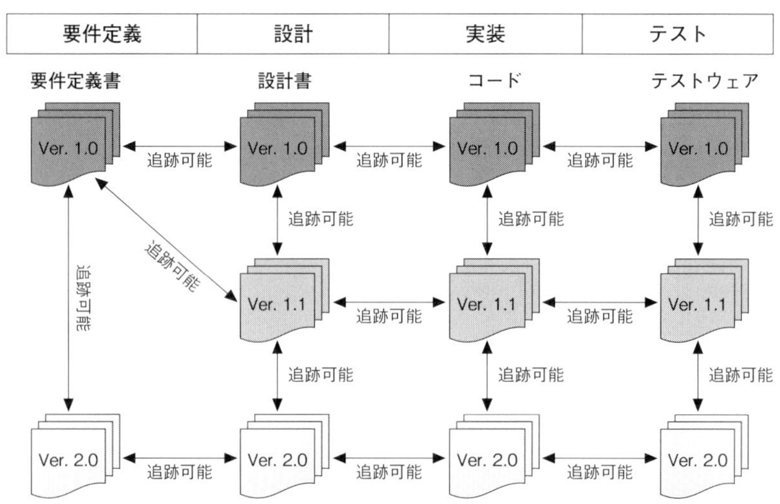

い、変更履歴を残し、各アイテム間を関連付ける。また、テストアイテムのバージョンとの関連付けを行い、テストプロセスを通してトレーサビリティを維持できる。

- *識別したすべてのドキュメントやソフトウェアアイテムは、テストドキュメントに明確に記載してある。*

リスクとテスト　シラバス5.5

● リスク（Risk）　【問題5-23】

リスクは、将来プロジェクトに否定的な結果をもたらす可能性がある事象です。優先度を決める目安となるリスクレベルは、リスクの発生確率と影響度（損害の大きさ）で評価します。例えば、識別したリスクは**図5-7**の発生確率・影響度マトリックスに分類することができます。Aに位置するリスクの優先度（リスクレベル）が最も高く、BとCのリスクがその次に高く、Dは最も優先度が低いリスクだと評価できます。

識別したリスクは常に軽減するというわけではなく、内容や優先度に応じて対応策（予防的措置）を計画します。PMBOK（プロジェクトマネジメント知識体系）ではリスク対応策を以下の5種類に分類しています。

図5-7：リスクの発生確率・影響度マトリックス

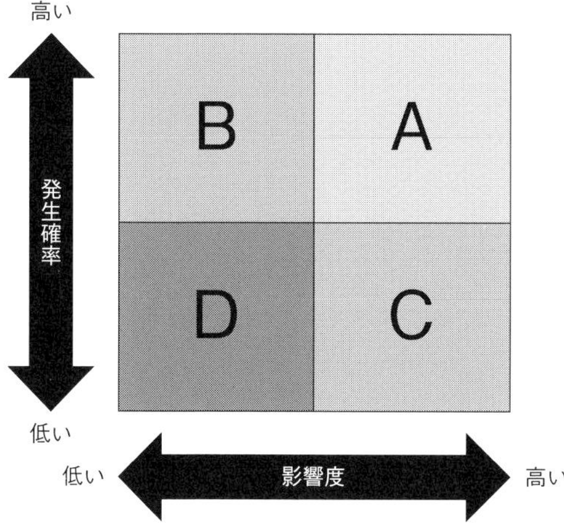

- 受容：リスクに何も対処しません。発生確率や影響度が極端に低いリスクでは受容することがあります。
- 軽減：リスクの発生確率や影響度が下がるように計画を変えます。
- 回避：リスクの発生確率がゼロとなるように計画を変えます。
- 転嫁：リスクの事象が起きた場合に、プロジェクトの第三者に移転します。例えばセキュリティやモバイルなど特定分野のテストを専門に請け負う外部の企業への委託などが該当します。
- エスカレーション：プロジェクトのスコープや権限を超えるリスクで、対応できる当事者にエスカレーションします。

プロダクトリスクとプロジェクトリスク

わかりやすいようにテストよりも範囲を広げてプロジェクトマネジメントで説明します。プロジェクト計画の内容は、先述の通りPMBOK（プロジェクトマネジメント知識体系）の10の知識エリアに分類できます。この計画内容は、プロジェクト全体に対する要求を反映したもので、大きく“プロダクト要求”と“プロジェクト要求”に分類できます。1つはプロジェクトスコープそのものであるプロダクト（ソフトウェア）への要件で、機能や非機能特性がプロダクト要求に該当します。プロジェクト要求は、プロジェクト計画のスコープ以外すべてで、プロジェクトを成功に導くためのプロジェクト活動、テストの場合はテスト活動への要求すべてが該当します。

リスクは、このプロダクト要求とプロジェクト要求に対して脅威となるリスクに分けることができ、“プロダクトリスク”と“プロジェクトリスク”と呼びます。

● プロダクトリスク（Product Risk） 【問題5-24】

プロダクト要求である機能、非機能要件について否定的な結果をもたらす可能性がある事象です。

JSTQBのシラバスではプロダクトリスクの例として以下を挙げています。これら以外にもリリース後に顕在化する可能性があるソフトウェアの欠陥や故障はプロダクトリスクになりえます。

- *ソフトウェアの意図されている機能が仕様通りには動かないかもしれない。*
- *ソフトウェアの意図されている機能がユーザー、顧客、および/またはステークホルダーのニーズ通りには動かないかもしれない。*
- *システムアーキテクチャーが非機能要件を十分にサポートしないことがある。*
- *特定の計算結果が状況によって正しくないことがある。*
- *ループ制御構造が正しくコーディングされていないことがある。*
- *高性能トランザクション処理システムで応答時間が適切でないことがある。*
- *ユーザーエクスペリエンス（UX）のフィードバックがプロダクトの期待と異なるかもしれない。*

● プロジェクトリスク（Project Risk） 【問題5-25】

プロジェクト要求について否定的な結果をもたらす可能性がある事象です。プロジェクトリスクの影響には以下のような事象があります。

- 統合マネジメント：リスクにより適切なモニタリングやコントロールが行えない。
- スコープマネジメント：リスクによりスコープがいつまでも不明瞭なまま。
- スケジュールマネジメント：リスクによりスケジュールが遅延する。
- コストマネジメント：リスクによりコストが超過する。

- 品質マネジメント：リスクにより品質のメトリクスをモニタリングできない。
- 資源マネジメント：リスクにより要員のスキルが足りない。対立が起きる。
- コミュニケーションマネジメント：リスクによりミスコミュニケーションが起きる。
- リスクマネジメント：リスクによりリスク対応策ができていない。
- 調達マネジメント：リスクにより調達が間に合わない、あるいは調達できない。
- ステークホルダーマネジメント：リスクによりステークホルダーとの関係が悪化する。

JSTQBのシラバスでは、プロジェクトリスクのテストでの具体的例として以下を挙げています。

- *プロジェクトの懸念事項*

  リリース、タスク完了、終了基準または完了（done）の定義の達成が遅延することがある。

  不正確な見積り、優先度の高いプロジェクトへの資金の再割り当て、組織全体での経費節減により 資金が不足することがある。

  プロジェクト終盤での変更により作業の大規模なやり直しが必要な場合がある。
- *組織の懸念事項*

  人員不足、および人員のスキルやトレーニング不足の場合がある。

  人間関係によって、衝突や問題が発生することがある。

  ビジネス上の優先度の競合によってユーザー、ビジネススタッフ、特定の分野の専門家の都合がつかないことがある。
- *政治的な懸念事項*

  テスト担当者が自分たちのニーズおよび/またはテスト結果の十分性を上手く伝えられないことがある。

  開発担当者および/またはテスト担当者がテストやレビューで見つかった事項を上手くフォローアップできないことがある。

  例えば、開発、およびテストが改善しない。

テストから期待できるものを正しく評価しようとしないことがある。

例えば、テストで見つかった 欠陥の情報を真摯に受け止めようとしない。

- *技術的な懸念事項*

  要件を十分に定義できないことがある。

  制約があるために、要件を満たさないことがある。

  テスト環境が予定した期限までに用意できないことがある。

  データ変換および移行の計画、それらのツールによる支援が遅れることがある。

  開発プロセスの弱点が、設計、コード、構成、テストデータ、テストケースなどのプロジェクトでの作業成果物間の整合性や品質に影響を与えることがある。

  不適切な欠陥マネジメントおよび類似の問題によって、欠陥や他の技術的負債が累積することがある。

- *供給者側の懸念事項*

  サードパーティが、必要なプロダクトまたはサービスを提供できない、もしくは撤退することがある。

  契約上の懸念事項がプロジェクトの問題の原因となることがある。

● リスクベースドテスト（Risk-based Testing）　　【問題5-26、5-27】

プロダクトリスクの発生確率と影響度（損害の大きさ）で表されるリスクレベルとリスクの種類に応じてテスト計画を立て、テストの選択や優先度付けなどのマネジメントを行うテストをリスクベースドテストと呼びます。リスクレベルの高いテストアイテムに対して、先述のリスク対応策のうちリスク軽減やリスク回避ができるようなテストを計画して実施していきます。テストによって軽減や回避ができない場合は、リスクの転嫁やエスカレーションといったテスト以外での活動も検討します。

メンバーのスキル不足やリリース日の遅延は、プロジェクトリスクなのでリスクベースドテストではなく、一般的なテストマネジメントとしてリスク対応をします。

JSTQBのシラバスでは、リスク分析の結果により決めるものとして以下を挙げています。

- *適用するテスト技法を決める。*
- *実施するテストレベルおよびテストタイプを決める。*
  例えば、セキュリティテストやアクセシビリティテスト
- *テストを実行する範囲を決める。*
- *重大な欠陥をなるべく早い時期に検出するため、テストの優先順位を決める。*
- *テスト以外の活動でリスクを減らす方法があるか検討する。*
  経験の少ない設計者に教育を実施するなど

欠陥マネジメント　シラバス5.6

欠陥マネジメント（Defect Management）

テストで欠陥が見つかると、その欠陥は管理（マネジメント）する必要があります。管理の対象である欠陥は、まずその詳細を欠陥レポートに記載します。欠陥レポートは個々の欠陥に対して起票するので、全体のテストケース数や欠陥の数といった項目は必要なく、それらはテストレポートに記載します。

欠陥レポートに起票した欠陥は、欠陥マネジメントに登録します。欠陥マネジメントの目的は、単に一刻も早く修正させることではなく、個々の欠陥の優先度を評価して、修正までのステータスを把握することです。欠陥ステータスは、例えば「オープン」（起票済み）、「修正の承認済み」、「修正の割り当て済み」、「修正済み」、「修正後の再テスト済み」、「クローズ済み」といった流れで変わっていきます。テストマネージャーは、このステータスごとの欠陥の件数や欠陥密度をモニタリングして、必要であれば是正（コントロール）します。欠陥密度はソフトウェアの規模に対する欠陥の件数で、規模の尺度にはコードのステップ数などが使われます。欠陥密度に必要なソフトウェの規模やテストケース数やその進捗を把握せずに欠陥を評価することはできません。

欠陥はテスト中だけではなく利用中にも見つかることがあるので、組織によっては欠陥マネジメントに関する手続きが標準化され、欠陥マネジメントの専用ツールが使われることも少なくありません。

欠陥レポート（Defect Report）　【問題5-28、5-29】

JSTQBのシラバスでは、一般的な欠陥レポートの目的（記載されるべきこ

と）として以下を挙げています。

- *開発担当者や他の関係者に対して、発生したあらゆる期待に反する事象についての情報を提供する。また、必要に応じて、もしくは問題を解決するために、具体的な影響を識別して、最小の再現テストで問題の切り分けを行い、欠陥の修正ができるようにする。*
- *テストマネージャーに対し、作業成果物の品質や、テストへの影響を追跡する手段を提供する。*

欠陥の報告数が多いと、テスト担当者は多くの時間をテスト実行ではなく報告作業に費やす必要があり、さらに多くの確認テストが必要になる。

- *開発プロセスとテストプロセスを改善するためのヒントを提供する。*

JSTQBのシラバスでは、動的テストの欠陥レポートの一般的な記載内容として以下を挙げています。

- *識別子*
- *レポート対象の欠陥の件名と概要*
- *欠陥レポートの作成日付、作成した組織、作成者*
- *テストアイテム（テスト対象の構成アイテム）および環境を識別する情報*
- *欠陥を観察した開発ライフサイクルのフェーズ*
- *ログ、データベースのダンプ、スクリーンショット、（テスト実行中に検出された場合は）実行状況などの欠陥の再現と解決を可能にする詳細な説明資料*
- *期待結果と実際の結果*
- *ステークホルダーに与えるインパクトの範囲や程度（重要度）*
- *修正の緊急度/優先度*
- *欠陥レポートのステータス*

例えば、オープン、延期、重複、修正待ち、確認テスト待ち、再オープン、クローズなど。

- *結論、アドバイス、承認*
- *欠陥の修正が他の領域への影響を与えるといった、広範囲にわたる懸念事項*
- *プロジェクトチームのメンバーによる欠陥の切り分け、修正、確認といった*

　一連の修正履歴
- 問題を明らかにしたテストケースを含む参照情報

JSTQBのシラバスが参考として挙げている国際規格ISO/IEC/IEEE 29119-3の欠陥レポートはコラム「テストドキュメントの国際規格ISO/IEC/IEEE 29119-3 Part2」（205ページ）を参照してください。

5.4 要点整理

テスト組織　シラバス5.1

- 独立したテスト：開発担当者自身ではなく認知バイアスやマインドセットの異なるユーザー、運用担当者、顧客、あるいはプロジェクト内のテスト担当者などがテストすることで効率的に検出できる。
- テストマネージャー：テストプロセスのテスト計画、モニタリングとコントロール、テスト完了などマネジメントを主導する。
- テスト担当者：テスト計画書をレビューし、テストプロセスのテスト分析、テスト設計、テスト実装、テスト実行を実行する。

テストの計画と見積り　シラバス5.2

- テスト計画書：テストの目的、テストアプローチ、開始基準、終了基準、テストのスコープ、タスク、スケジュール、コスト、メトリクス、体制、リスク、要員やツールなどの調達、ステークホルダーとのかかわりなどを記載したドキュメント。
- テスト戦略：テスト対象の特性、テストレベル、組織の制約などテストについての要件を考慮してテストを成功に導くために用意した汎用的な戦略のこと。
- テストアプローチ：特定のプロジェクトやリリースの複雑さなどを考慮して具体化したもの。
- 分析的テスト戦略：要件やテストアプローチで考慮する要因の分析に基づいてテスト設計や優先度付けをするテスト戦略。
- モデルベースドテスト戦略：プロダクトの要件定義で使われるモデルに基づいてテスト設計や優先度付けをする戦略。
- 系統的テスト戦略：事前に定義した一連のテストケースやテスト条件を体系的に使用するテスト戦略。
- プロセス準拠テスト戦略、標準準拠テスト戦略：事前定義された一連のプロセス、法律、業界固有の標準、組織の標準に従うテスト戦略。

- 指導ベーステスト戦略：コンサルテーションベースのテスト戦略とも呼ばれ、外部や組織のステークホルダー、専門家からのコンサルティングに基づくテスト戦略。
- リグレッション回避テスト戦略：既に実現していた部分に他の変更によってリグレッションが混入することを回避するテスト戦略。
- 対処的テスト戦略：テスト対象をテストした結果から、必要に応じて対処していくテスト戦略。
- 開始基準：タスクを始める準備が確かにできていることの基準。
- 終了基準：タスクが確かに終えたことの基準。
- テスト実行スケジュール：優先度が低いテストケースに依存している場合を除いて、最も優先度の高いテストケースから着手する。
- テスト工数：プロダクト、開発プロセス、人材、実施済みのテスト結果などが影響する。
- テスト見積り技法：メトリクスを活用する見積り技法と専門家の知識を基にする見積り技法に分類できる。
- メトリクスを活用する見積り技法：バーンダウンチャート、欠陥除去モデルなどの技法がある。
- 専門家の知識を基にする見積り技法：プランニングポーカー、ワイドバンドデルファイ技法などの技法がある。

テストのモニタリングとコントロール　シラバス5.3

- テストのメトリクス：テストプロセスが進行している間に状況把握のために測る指標。計画に対して準備や実装したテストケースの割合、テストケースの実行、欠陥、テストカバレッジ、コストなどに関するメトリクスがある。
- テストレポート：テスト進捗レポートとテストサマリーレポートの総称。組織やプロジェクトの特性によって記載方法や様式は異なる。
- テスト進捗レポート：テストプロセスのモニタリングとコントロールでテストマネージャーが発行し、読み手であるステークホルダーに定期的に配布する。レポート対象期間内について、スケジュールなど計画からの逸脱、発生した問題、メトリクス、追加／変更されたリスクなどが記載される。

- テストサマリーレポート：終了基準を達成したらテストマネージャーが発行し、読み手であるステークホルダーに定期的に配布する。テスト期間中について、テスト進捗レポートと同等の内容と残存リスク、再利用可能な作業成果物が記載される。

構成管理　シラバス5.4

- 構成管理：構成管理によって、プロジェクトで生み出される作業成果物の一貫性や完全性をソフトウェア開発ライフサイクルやソフトウェアライフサイクルを通して維持される。

リスクとテスト　シラバス5.5

- リスク：将来プロジェクトに否定的な結果をもたらす可能性がある事象のこと。
- リスクレベル：リスクの発生確率と影響度（損害の大きさ）で、優先度を決める目安となる。
- プロダクトリスク：プロダクト要求である機能、非機能要件について否定的な結果をもたらす可能性がある事象。
- プロジェクトリスク：テストプロセスやテスト活動に否定的な結果をもたらす可能性がある事象。
- リスクベースドテスト：プロダクトリスクのリスクレベルとリスクの種類に応じてテスト計画を立て、テストの選択や優先度付けなどのマネジメントを行うテスト。

欠陥マネジメント　シラバス5.6

- 欠陥マネジメント：個々の欠陥を、欠陥の優先度、欠陥の修正までのステータスなどで管理する。
- 欠陥レポート：欠陥を記載するレポート。作成日時、組織、作成者、テストアイテム、ログやスクリーンショットなどの説明資料、期待結果との差異、重要度、優先度、ステータスなどが記載される。

コラム テストドキュメントの国際規格 ISO/IEC/IEEE 29119-3 Part2

ここでは、JSTQBのシラバスで参照先として特に取り上げているISO/IEC/IEEE 29119-3「Software testing - Part 3:Test documentation」のテスト計画書、テスト進捗レポート、テスト完了レポート、インシデントレポートのテンプレートの構造を紹介します。テスト計画書では、プロジェクトマネジメントのデファクトスタンダードであるPMBOK（プロジェクトマネジメント知識体系）の対応する知識エリアを併記しています。

テンプレートの「1. ドキュメント固有の情報」と「2. はじめに」は、文書管理上必要な情報で各ドキュメント共通の構造になっています。「2. はじめに」は、ドキュメントを定める開発標準として定義し、個別に記載することを省略することもできます。「2. はじめに」のスコープは、ドキュメントの位置付けを規定したものでテストのスコープではありませんので注意してください。

テスト計画書

テスト計画書（Test Plan）

1. ドキュメント固有の情報（Document specific information）
    - 1.1：概要（Overview）
    - 1.2：文書ID（Unique identification of document）
    - 1.3：発行組織（Issuing organization）
    - 1.4：承認機関（Approval authority）
    - 1.5：変更履歴（Change history）

2. はじめに（Introduction）
    - 2.1：スコープ（Scope）
    - 2.2：参照（References）
    - 2.3：用語（Glossary）

3. テストのコンテキスト（Context of the testing）

PMBOKの統合マネジメント、スコープマネジメント、ステークホルダーマネジメントが対応します。

3.1：プロジェクト／テストサブプロセス（Project（s）/ test sub-process（es））

3.2：テストアイテム（Test item（s））

3.3：テストスコープ（Test scope）

3.4：前提と制約（Assumptions and constraints）

3.5：ステークホルダー（Stakeholders）

4. テストコミュニケーション（Testing communication）

テスト活動とプロジェクトや組織などのステークホルダーとのコミュニケーション方法を記載します。PMBOKのコミュニケーションマネジメントが対応します。

5. リスク登録簿（Risk register）

PMBOKのリスクマネジメントとリスク登録簿が対応します。

5.1：プロダクトリスク（Product risks）

識別しているプロダクトリスクを記載します。

5.2：プロジェクトリスク（Project risks）

識別しているプロジェクトリスクを記載します。

6. テスト戦略（Test strategy）

特に記載のない項目は、PMBOKの統合マネジメント、品質マネジメントが対応します。

6.1：テストサブプロセス（Test sub-processes）

プロジェクトのテスト計画書で、下位のテスト計画（テストサブプロセス）がある場合はそれらを記載します。

6.2：テスト作業成果物（Test deliverables）

テスト活動で作成されるすべての作業成果物を記載します。

6.3：テスト設計技法（Test design techniques）

採用するテスト設計技法を記載します。JSTQBのシラバスではテスト設計技法をテスト技法と呼んでいます。

6.4：テスト終了基準（Test completion criteria）

終了基準を記載します。

6.5：収集するメトリクス（Metrics to be collected）

テスト活動の間に収集するメトリクスを記載します。

6.6：テストデータ要件（Test data requirements）

テストデータとして必要な要件を記載します。データを生成する必要がある場合はその旨も記載します。PMBOKのスコープマネジメントが対応します。

6.7：テスト環境要件（Test environment requirements）

テスト環境として必要な要件を記載します。ハードウェア、ソフトウェア、テストツール、データベース、および要員が含まれます。PMBOKのスコープマネジメント、調達マネジメントが対応します。

6.8：再テストとリグレッションテスト（Retesting and regression testing）

再テスト（確認テスト）とリグレッションテストを実行する条件を指定します。PMBOKの品質マネジメントが対応します。

6.9：一時中断および再開の基準（Suspension and resumption criteria）

テスト計画に記載しているテストのアクティビティの一時中断する基準と再開する基準を記載します。PMBOKの品質マネジメントが対応します。

6.10：組織のテスト戦略との相違点（Deviations from the Organizational Test Strategy）

組織のテスト戦略との相違点を記載します。

7. テストのアクティビティと見積り（Testing activities and estimates）

必要なテストのアクティビティをすべて記載します。PMBOKのスケジュールマネジメントとコストマネジメントが対応します。

8. 要員（Staffing）

8.1：役割、アクティビティ、責務（Roles, activities, and responsibilities）

テストに関連する役割、アクティビティ、責務の概要を記載します。例えば、プロジェクトマネージャー、テストマネージャー、開発担当者などの役割です。PMBOKの資源マネジメントが対応します。

8.2：雇用ニーズ（Hiring needs）

要員の補充が必要な場合は、必要な時期、参画度合い、スキルセットを記載します。雇用には、他部署からの参画、外注、外部コンサルタントへの依頼などが含まれます。PMBOKの調達マネジメントが対応します。

8.3：トレーニングのニーズ（Training needs）

要員のスキルレベルに対してトレーニングの必要性を記載します。PMBOKの資源マネジメントが対応します。

9. スケジュール（Schedule）

プロジェクトスケジュールとテスト戦略から定義したテストのマイルストーン、テスト活動の全体スケジュールを示します。PMBOKのスケジュールマネジメントが対応します。

テスト進捗レポート

テスト進捗レポート（Test Status Report）

1. ドキュメント固有の情報（Document specific information）

1.1：概要（Overview）

1.2：文書ID（Unique identification of document）

1.3：発行組織（Issuing organization）

1.4：承認機関（Approval authority）

1.5：変更履歴（Change history）

2. はじめに（Introduction）

2.1：スコープ（Scope）

2.2：参照（References）

2.3：用語（Glossary）

3. テストステータス（Test status）

3.1：報告対象期間（Reporting period）

レポートの対象期間を記載します。

3.2：テスト計画に対する進捗（Progress against Test Plan）

テスト計画に対して実施した進捗状況を記載します。

3.3：進行の阻害要因（Factors blocking progress）

レポートの対象期間中に起きた進捗の阻害要因とその除去のためにとった解決策、未解決の阻害要因を記載します。

3.4：テスト測定値（Test measures）

レポートの対象期間の終了時点での測定値を記載します。例えばテストケース数、欠陥数、インシデント数、テストカバレッジ、アクティビティの進捗状況、リソースの消費量などの測定値があります。

3.5：リスクの追加変更（New and changed risks）

レポートの対象期間中に追加あるいは変更したリスクを記載します。

3.6：テストの予定（Planned testing）

次のレポート期間中に計画されているテストについて記載します。

テスト完了レポート

テスト完了レポート（Test Completion Report）

1. ドキュメント固有の情報（Document specific information）
   - 1.1：概要（Overview）
   - 1.2：文書ID（Unique identification of document）
   - 1.3：発行組織（Issuing organization）
   - 1.4：承認機関（Approval authority）
   - 1.5：変更履歴（Change history）

2. はじめに（Introduction）
   - 2.1：スコープ（Scope）
   - 2.2：参照（References）
   - 2.3：用語（Glossary）

3. テストパフォーマンス（Testing performed）
   - 3.1：実行したテストのサマリー（Summary of testing performed）

レポートの対象範囲に実行したテストの要約を記載します。

3.2：テスト計画との差異（Deviations from planned testing）

第5章 テストマネジメント

テスト計画と差異がある場合は、その内容を記載します。

3.3：テスト完了の評価（Test completion evaluation）

テスト計画の終了基準をどの程度満たしているか、満たしていない場合はその理由を記載します。

3.4：進行の阻害要因（Factors that blocked progress）

発生した進捗の阻害要因とその除去のためにとった解決策を記載します。

3.5：テスト測定値（Test measures）

最終的なテストについての測定値を記載します。例えばテストケース数、欠陥数、インシデント数、テストカバレッジ、アクティビティの進捗状況、リソースの消費などの測定値があります。

3.6：残存リスク（Residual risks）

テスト終了時点で残っているリスクの一覧を記載します。

3.7：テストの作業成果物（Test deliverables）

テストの作業成果物とその場所の一覧を記載します。例えば、テスト計画書、テストケース仕様書、テスト手順仕様書などが含まれます。

3.8：再利用可能なテスト資産（Reusable test assets）

再利用可能なテスト資産とその場所の一覧を記載します。例えば、テスト手順やテストデータが含まれます。

3.9：教訓（Lessons learned）

教訓について話し合った結果を記載します。

インシデントレポート

インシデントレポート（Incident Report）

1. ドキュメント固有の情報（Document specific information）
   - 1.1：概要（Overview）
   - 1.2：文書ID（Unique identification of document）
   - 1.3：発行組織（Issuing organization）
   - 1.4：承認機関（Approval authority）
   - 1.5：変更履歴（Change history）

2. はじめに（Introduction）

2.1：スコープ（Scope）

2.2：参照（References）

2.3：用語（Glossary）

3. インシデントの詳細（Incident details）

3.1：タイミング（Timing information）

インシデントが最初に観察した日時です。

3.2：発見者（Originator）

インシデントを観察した所属名と個人名です。

3.3：コンテキスト（Context）

インシデントを観察したコンテキストです。コンテキストにはテストアイテム、テスト手順、テストケース、テストデータなどが含まれます。

3.4：インシデントの説明（Description of the incident）

インシデントの原因を特定や修正するのに役立つ情報や観察内容です。インシデントのエビデンス（証跡）となるスクリーンショット、システムログ、出力ファイルなども含まれます。

3.5：発見者による重大性の評価（Originator's assessment of severity）

発見者の観点でのインシデントが技術的およびビジネス上の問題として与える影響度です。

3.6：発見者による優先度の評価（Originator's assessment of priority）

発見者の観点でのインシデントの修正の緊急性です。一般的な組織では3～5段階で表します。

3.7：リスク（Risk）

該当する場合、新規リスクとして登録あるいは既存リスクのステータスを更新に関する情報です。

3.8：インシデントのステータス（Status of the incident）

インシデントの現在のステータスです。インシデントのステータスの一般的な順序は、「オープン」、「解決のために承認」、「解決のために割り当て」、「修正済み」、「修正を確認して再テスト」、「クローズ」です。

第6章

テスト支援ツール

　テストの現場では、これまでに説明したテストマネジメントなど一連のテスト活動、静的テスト、動的テスト、テスト技法などテストのさまざまな側面を支援するツールが活用されています。

　本章では、テスト支援ツールにはどのような種類があるのか、テスト自動化の利点や欠点、考慮点や効果的な使い方について学びます。

6.1 問題

※解答は222ページ、解説は223ページ

問題6-1

FL-6.1.1 K2

「レビューを支援するツール」は、テストツールが支援するテスト活動で分類すると、どれに最も当てはまるか？

- □ (1) テストとテストウェアのマネジメントの支援ツール
- □ (2) 静的テストの支援ツール
- □ (3) テスト設計とテスト実装の支援ツール
- □ (4) テスト実行と結果記録の支援ツール

問題6-2

FL-6.1.1 K2

「アプリケーションライフサイクルマネジメントツール（ALM）」は、テストツールが支援するテスト活動で分類すると、どれに最も当てはまるか？

- □ (1) テストとテストウェアのマネジメントの支援ツール
- □ (2) 静的テストの支援ツール
- □ (3) テスト設計とテスト実装の支援ツール
- □ (4) テスト実行と結果記録の支援ツール

問題6-3

FL-6.1.1 K2

「カバレッジツール」は、テストツールが支援するテスト活動で分類すると、どれに最も当てはまるか？

- □ (1) テストとテストウェアのマネジメントの支援ツール
- □ (2) 静的テストの支援ツール
- □ (3) テスト設計とテスト実装の支援ツール
- □ (4) テスト実行と結果記録の支援ツール

問題6-4

FL-6.1.1 K2

「テストデータ準備ツール」は、テストツールが支援するテスト活動で分類すると、どれに最も当てはまるか？

- □ (1) テストとテストウェアのマネジメントの支援ツール
- □ (2) テスト設計とテスト実装の支援ツール
- □ (3) テスト実行と結果記録の支援ツール
- □ (4) 性能計測と動的解析の支援ツール

問題6-5

FL-6.1.1 K2

「テストハーネス」は、テストツールが支援するテスト活動で分類すると、どれに最も当てはまるか？

- □ (1) テストとテストウェアのマネジメントの支援ツール
- □ (2) テスト設計とテスト実装の支援ツール
- □ (3) テスト実行と結果記録の支援ツール
- □ (4) 性能計測と動的解析の支援ツール

問題6-6

FL-6.1.1 K2

「構成管理ツール」は、テストツールが支援するテスト活動で分類すると、どれに最も当てはまるか？

- □ (1) テストとテストウェアのマネジメントの支援ツール
- □ (2) テスト設計とテスト実装の支援ツール
- □ (3) テスト実行と結果記録の支援ツール
- □ (4) 性能計測と動的解析の支援ツール

問題6-7

FL-6.1.1 K2

「モニタリングツール」は、テストツールが支援するテスト活動で分類すると、どれに最も当てはまるか？

- □ (1) テストとテストウェアのマネジメントの支援ツール
- □ (2) テスト設計とテスト実装の支援ツール
- □ (3) テスト実行と結果記録の支援ツール
- □ (4) 性能計測と動的解析の支援ツール

問題6-8

FL-6.1.1 K2

「ユニットテストフレームワークツール」は、テストツールが支援するテスト活動で分類すると、どれに最も当てはまるか？

- □ (1) テストとテストウェアのマネジメントの支援ツール
- □ (2) テスト設計とテスト実装の支援ツール
- □ (3) テスト実行と結果記録の支援ツール
- □ (4) 特定のテストに対する支援ツール

問題6-9

FL-6.1.1 K2

「テスト駆動開発（TDD）ツール」は、テストツールが支援するテスト活動で分類すると、どれに最も当てはまるか？

- □ (1) テストとテストウェアのマネジメントの支援ツール
- □ (2) テスト設計とテスト実装の支援ツール
- □ (3) テスト実行と結果記録の支援ツール
- □ (4) 特定のテストに対する支援ツール

問題6-10

FL-6.1.1 K2

「継続的インテグレーションツール」は、テストツールが支援するテスト活動で分類すると、どれに最も当てはまるか？

- □ (1) テストとテストウェアのマネジメントの支援ツール
- □ (2) テスト設計とテスト実装の支援ツール
- □ (3) テスト実行と結果記録の支援ツール
- □ (4) 特定のテストに対する支援ツール

問題6-11

FL-6.1.1 K2

「受け入れテスト駆動開発（ATDD）ツール」は、テストツールが支援するテスト活動で分類すると、どれに最も当てはまるか？

- □ (1) テストとテストウェアのマネジメントの支援ツール
- □ (2) テスト設計とテスト実装の支援ツール
- □ (3) テスト実行と結果記録の支援ツール
- □ (4) 特定のテストに対する支援ツール

問題6-12

FL-6.1.1 K2

「性能テストツール」は、テストツールが支援するテスト活動で分類すると、どれに最も当てはまるか？

- □ (1) テストとテストウェアのマネジメントの支援ツール
- □ (2) テスト設計とテスト実装の支援ツール
- □ (3) テスト実行と結果記録の支援ツール
- □ (4) 性能計測と動的解析の支援ツール

問題6-13

FL-6.1.2 K1

テスト自動化の利点として最も適切ではないものは？

- □ (1) リグレッションテストなど反復する手作業の削減と時間の節約ができる
- □ (2) テストデータや順序などテストの一貫性や再実行性が向上する
- □ (3) 欠陥の検出と修正をより効率的にし、動的テストよりも前に行うことができる
- □ (4) カバレッジなど評価の客観性が向上する

問題6-14

FL-6.1.2 K1

テスト自動化のリスクとして最も適切ではないものは？

□ (1) テストツールの効果を過大に期待するリスク
□ (2) ソフトウェアの機能が仕様通りに動かないリスク
□ (3) 導入する時間、コスト、工数を過小評価するリスク
□ (4) 大きな効果を継続的に上げるために必要な時間や工数を過小評価するリスク

問題6-15

FL-6.1.3 K1

テスト実行ツールで特に考慮しておくべき点として最も該当しないものは？

□ (1) 大きな効果を出すには、大量の工数が必要になることが多い
□ (2) データ駆動のテストアプローチでは、あらかじめ定義済みのスクリプトに対しテスト担当者は新しいテストデータを作ればよい
□ (3) キーワード駆動のテストアプローチでは、テスト担当者はテスト対象のアプリケーション用に調整したキーワードと付随するデータを使ってテストケースを定義できる
□ (4) スクリプトは、テスト担当者、開発担当者、テスト自動化のスペシャリストの誰でも簡単に作成できる

問題6-16

FL-6.1.3 K1

テストマネジメントツールで特に考慮しておくべき点として最も該当しないものは？

- □ (1) テスト担当者、開発担当者、テスト自動化のスペシャリストの誰かがスクリプト言語に精通している必要がある
- □ (2) 組織が必要とするフォーマットで利用できるためのインターフェースが必要である
- □ (3) 要件マネジメントツールで要件のトレーサビリティを維持するためのインターフェースが必要である
- □ (4) 構成管理ツールでテスト対象のバージョン情報と同期するためのインターフェースが必要である

問題6-17

FL-6.2.1 K1

テストツールを選択する際の基本原則として最も該当しないものは？

- □ (1) 組織の成熟度、長所と短所を評価する
- □ (2) ツールによってテストプロセスのどこが改善されるかを識別する
- □ (3) テスト対象で使用されている技術と互換性のあるツールを選択する
- □ (4) 欠陥があることは示せるが、欠陥がないことは示せない

問題6-18

FL-6.2.2 K1

ツールの導入にパイロットプロジェクトを実施する目的として最も該当しないものは？

- □ (1) ツールに関する知識を深め、強みと弱みを理解する
- □ (2) 現状のプロセスや実践しているやり方にツールをどのように適用するかを評価する
- □ (3) 全数テストが可能か確認する
- □ (4) ツールやテスト資産の標準的な使用方法、管理方法、格納方法、メンテナンス方法を決める

問題6-19

FL-6.2.3 K1

組織内でテストツールの評価、実装、導入、継続的なサポートを成功させる要因として最も該当しないものは？

- □ (1) 利用ガイドを定めず自由に使えるようにする
- □ (2) ツールを順々に未導入の部署へ展開する
- □ (3) ツールが適用できるよう、プロセスを調整、改善する
- □ (4) ツールのユーザーに対しトレーニングやコーチングを行う

6.2 解答

問題	解答	説明
6-1	**2**	レビューは静的テストですので、レビューを支援するツールは静的テストの支援ツールに分類されます。
6-2	**1**	アプリケーションライフサイクルマネジメントツールは、テストとテストウェアのマネジメントの支援ツールに分類されます。
6-3	**4**	カバレッジツールはテストを実行してカバレッジを測定するので、テスト実行と結果記録の支援ツールに分類されます。
6-4	**2**	テストデータはテスト設計で識別し、テスト実装で用意するので、テスト設計とテスト実装の支援ツールに分類されます。
6-5	**3**	テストハーネスはテスト環境なので、テスト実行と結果記録の支援ツールに分類されます。
6-6	**1**	構成管理はマネジメント活動の1つなので、テストとテストウェアのマネジメントの支援ツールに分類されます。
6-7	**4**	モニタリングツールはメモリやディスクなどのリソース消費を測定するので、性能計測と動的解析の支援ツールに分類されます。
6-8	**3**	ユニットテストフレームワークツールは、コンポーネントテストのテスト実行と結果記録を自動化するので、テスト実行と結果記録の支援ツールに分類されます。
6-9	**2**	テスト駆動開発ツールはテストケースの作成を支援するので、テスト設計とテスト実装の支援ツールに分類されます。
6-10	**1**	継続的インテグレーションは品質管理を支援するので、テストとテストウェアのマネジメントの支援ツールに分類されます。
6-11	**2**	受け入れ駆動開発ツールは受け入れテストのテストケース作成を支援するので、テスト設計とテスト実装の支援ツールに分類されます。
6-12	**4**	性能テストツールは、性能計測と動的解析の支援ツールに分類されます。
6-13	**3**	欠陥の検出と修正をより効率的にしますが、動的テストよりも前に行うことができるのは誤りです。
6-14	**2**	ソフトウェアの機能が仕様通りに動かないリスクは、プロダクトリスクです。
6-15	**4**	スクリプトは簡単だとは限らず、テスト担当者、開発担当者、テスト自動化のスペシャリストの誰かがスクリプト言語に精通している必要があります。
6-16	**1**	スクリプト言語に精通が必要なのはテスト実行ツールの考慮事項です。
6-17	**4**	テストツールではなくテストの原則の1つです。
6-18	**3**	テストの原則2：全数テストは不可能です。
6-19	**1**	利用ガイドを定めることは、成功要因の1つです。

6.3 解説

テストツールの考慮事項　シラバス6.1

テストツールの分類

JSTQBのシラバスでは、テストツールの目的と支援するテスト活動の違いによって、以下の6つに分類しています。

- *テストとテストウェアのマネジメントの支援ツール*
- *静的テストの支援ツール*
- *テスト設計とテスト実装の支援ツール*
- *テスト実行と結果記録の支援ツール*
- *性能計測と動的解析の支援ツール*
- *特定のテストに対する支援ツール*

テストとテストウェアのマネジメントの支援ツール

【問題6-2、6-6、6-10】

テストプロセス全般やテストマネジメントをサポートします。

- テストマネジメントツール（Test Management Tools）とアプリケーションライフサイクルマネジメントツール（ALM）

第5章のテストマネジメントの活動全般を支援します。専用のものではなく、社内の普段から使い慣れているグループウェアやクラウドサービスですぐに使えるプロジェクトマネジメントツールを利用することもあります。

- 要件マネジメントツール（Requirements Management Tools）

要件のステータス（承認、保留、却下など）や対応するテスト対象へのトレーサビリティの管理を支援します。専用のものではなく、クラウドサービスで軽量なチケット管理サービスやWebデータベースサービスを利用することもあります。

- 欠陥マネジメントツール（Defect Management Tools）

第5章の欠陥マネジメントを支援します。要件マネジメント同様にチケット管理サービスやWebデータベースサービスを利用することもあります。

- 構成管理ツール（Configuration Management Tools）

第5章の構成管理を支援します。専用のものではなく、バージョン管理ツールを利用することもあります。

- 継続的インテグレーションツール（Continuous Integration Tools）

ビルドとテストを継続的に繰り返しながら開発する継続的インテグレーションを支援します。

● 静的テストの支援ツール 【問題6-1】

第3章の静的テストを支援します。

- レビューを支援するツール（Tools that support reviews）

レビューアへのレビュー依頼、レビューア毎あるいはレビュー対象毎のステータス（レビュー待ち、レビュー済み、承認済み、フォロー中など）管理、懸念事項の記録などを支援します。

- 静的解析ツール（Static Analysis Tools）

コードの静的解析を実行します。開発ツールに組み込まれていることもあります。

● テスト設計とテスト実装の支援ツール 【問題6-4、6-9、6-11】

テストプロセスのテスト設計とテスト実装を支援します。

- テスト設計ツール（Test Design Tools）

ユニットテストのテスト対象からテストケースの雛形の自動生成や設計作業を支援します。

- モデルベースドテストツール（Model-Based Testing Tools）

第5章のモデルベースドテスト戦略のテストを支援します。モデルベースドテスト（MBT）ツールは、ソフトウェアの設計時に機能仕様をクラス図やアクティビティ図などモデルで作成すると、そのモデルからテストケースの仕様、例えばテストクラスのスケルトンを生成できます。

- テストデータ準備ツール（Test Data Preparation Tools）

テストで使うテストデータの生成や編集を支援します。

- 受け入れテスト駆動開発（ATDD）ツールや振る舞い駆動開発（BDD）ツール

受け入れテスト駆動開発はテスト駆動開発の派生で、受け入れテストのテストケースをコードより先に開発するアプローチです。振る舞い駆動開発もテスト駆動開発の派生で、テストアイテムの振る舞い（要件）をテストケースとしてコードより先に開発するアプローチで、これらを支援します。

- テスト駆動開発（TDD）ツール

第2章で取り上げたテスト駆動開発（TDD）を支援します。

JSTQBのシラバスFoundation Version2018.J03で、モデルベースドツールは「6.1.1 テストツールの分類」では“テスト設計とテスト実装の支援ツール”に分類されていますが、「6.1.3 テスト実行ツールとテストマネジメントツールの特別な考慮事項」ではテスト実行ツールに分類されています。

テスト実行と結果記録の支援ツール　【問題6-3、6-5、6-8】

テストプロセスのテスト実行を支援します。

- テスト実行ツール（Test Execution Tools）

リグレッションテストなどを含むテストケースを実行してその結果を記録するのを支援します。

- カバレッジツール（Coverage Tools）

要件カバレッジ、コードカバレッジなどのさまざまなカバレッジを収集します。

- テストハーネス（Test Harnesses）

第1章で取り上げたテストハーネスを支援します。

- ユニットテストフレームワークツール（Unit Test Framework Tools）

コンポーネントテストを支援します。

● 性能計測と動的解析の支援ツール 【問題6-7、6-12】

非機能テストの性能測定やメモリリークなどの動的解析を支援します。

- 性能テストツール（Performance Testing Tools）

非機能要求の性能効率性や信頼性などを測定するために、テスト実行中にテストケースで指定された負荷がかかった状況を作り、その状況下でのパフォーマンスを計測するのを支援します。

- モニタリングツール（Monitoring Tools）

テスト実行中にテストケースで指定されたメモリやディスクなどのリソース消費を監視し、測定するのを支援します。

- 動的解析ツール（Dynamic Analysis Tools）

テスト実行中にメモリリークや不正なメモリアクセスなど動的解析を支援します。

● 特定のテストに対する支援ツール

特定の非機能要件のテストに特化して支援します。

- データ品質の評価（Data Quality Assessment）

テストデータに不正がなく仕様通りになっていることの評価を支援します。

- データのコンバージョンとマイグレーション（Data Conversion and Migration）

テストデータのコンバージョン（変換）やマイグレーション（移行）を支援します。

- 使用性テスト（Usability Testing）

非機能要件の使用性を評価するのを支援します。

- アクセシビリティテスト（Accessibility Testing）

非機能要件の使用性のアクセシビリティの評価を支援します。

- ローカライゼーションテスト（Localization Testing）

多言語対応しているソフトウェアでのローカライズ（特定の言語への対応）が正しく行われていることを評価するのを支援します。

- セキュリティテスト（Security Testing）

非機能要件のセキュリティを評価するのを支援します。

- 移植性テスト（Portability testing）

　非機能要件の移植性を評価するのを支援します。

テスト自動化の利点とリスク　シラバス6.1.2

　テストツールを導入したからといって必ずしもテストマネジメントを効率化し、簡単に自動化できるわけではなく、利点もあればリスクもあり、リスクが問題として顕在化すると最悪テストプロセスが頓挫します。筆者の経験における成功例と失敗例を紹介しましょう。

- 成功例

　　プロジェクト立ち上げ時にクラウドサービスのプロジェクトマネジメントツールで早期にマネジメントの仕組みを構築し、マネジメントを軌道に乗せた。

　クラウドサービスは、すぐに使えて規模に合わせた費用で済み、ユーザー企業やサテライトのプロジェクトでもツールを通して状況を共有するのに適しています。

　　開発担当者やテスト担当者がテストツールの利用を通して、品質やテストへの意識やプロジェクトの状況への関心が高まった。

- 失敗例

　　ツールが不安定でプロジェクトが立ち行かなくなったので高額なツールを破棄した。

　プロジェクトのインフラとも言えるツールは、一般的なアプリケーション以上に安定性が不可欠です。

　　自動テストツールの使い方が難しくて定着しない。

　特に独自言語でスクリプトを記述するツールは、テストツールに限らずエンジニアに嫌われます。エンジニアの心情として、一過性の特殊な言語を覚えるよりも、他のプロジェクトでも役立ち自己のスキルアップにつながることに時間を割きたいものです。一方で、手間が少なく自動化の度合いが高いツールはとても歓迎されます。

● テスト自動化の利点 【問題6-13】

JSTQBのシラバスでは、テスト実行を支援するツールを使う潜在的な利点として以下を挙げています。

- *反復する手動作業の削減と時間の節約ができる。*

例えば、リグレッションテストの実行、環境の準備/復旧タスク、同じテストデータの再入力、コーディング標準準拠のチェックなど。

- *一貫性や再実行性が向上する。*

例えば、整合性のあるテストデータ、同じ頻度と順序でのテスト実行、要件からの一貫したテストケースの抽出など。

- *評価の客観性が向上する。*

例えば、静的な計測、カバレッジなど。

- *テストに関する情報へのアクセスの容易性が向上する。*

例えば、テスト進捗、欠陥率や性能計測 結果の集計、およびグラフの作成など。

● テスト自動化のリスク 【問題6-14】

JSTQBのシラバスでは、テストを支援するツールを使う潜在的なリスクとして以下を挙げています。

- *テストツールの効果を過大に期待する。*

例えば、ツールの機能や使いやすさなど。

- *テストツールを初めて導入する場合に要する時間、コスト、工数を過小評価する。*

例えば、教育や、外部の専門家の支援など。

- *大きな効果を継続的に上げるために必要な時間や工数を過小評価する。*

例えば、テストプロセスの変更、ツールの使用法の継続的な改善など。

- *ツールが生成するテスト資産をメンテナンスするために必要な工数を過小評価する。*
- *ツールに過剰な依存をする。*

テスト設計またはテスト実行と置き換えられると考える、または手動テストの方が適したケースで自動テストを利用できると考えるなど。

- *ツール内にあるテスト資産のバージョン管理を怠る。*
- *重要なツール間での関係性と相互運用性の問題を無視する。*

例えば、要件マネジメントツール、構成管理ツール、欠陥マネジメントツール、および複数のベンダーから提供されるツールなど。

- *ツールベンダーがビジネスを廃業したり、ツールの販売から撤退したり、別のベンダーにツールを売ったりする。*
- *ツールのサポート、アップグレード、欠陥修正に対するベンダーの対応が悪い。*
- *オープンソースプロジェクトが停止する。*
- *新しいプラットフォームや新規技術をサポートできない。*
- *ツールに対する当事者意識が明確でない（例えば、助言や手助け、および更新など）。*

テスト実行ツールとテストマネジメントツールの特別な考慮事項 シラバス6.1.3

テスト実行ツールの特別な考慮点 【問題6-15】

テスト実行ツールは一度テストケースのスクリプトを実装すると、その後のリグレッションテストでの効率は大幅に向上しますが、スクリプトの実装に大量の工数を必要とすることがあります。JSTQBのシラバスでは特に考慮すべき事項としてキャプチャ／プレイバックツール、データ駆動によるアプローチ、キーワード駆動によるアプローチを挙げています。

- キャプチャ／プレイバックツール（*Capture/Playback Tool*）

キャプチャ／プレイバックツールはユーザーインターフェースの操作をスクリプトに変換して記録して、その操作をテストで再現できるツールです。注意点は以下の通りです。

境界値など入力内容のバリエーションに対して個々に記録が必要
画面レイアウトの変更に対応できない
記録時と異なるソフトウェアの挙動に対応できない

近年は上記の欠点を補う、キー入力内容を変数にできるもの、ボタンやフィールドなどの座標や解像度の影響を受けないもの、操作をフローで書くこ

第6章 テスト支援ツール

とができ挙動に対応できる機能を備えたツールもあります。

- データ駆動によるテストアプローチ（Data-Driven Testing Approach）

データ駆動によるテストアプローチは、入力値と期待結果をスプレッドシートに記述してスクリプトと分離します。そうすることにより、入力値と期待結果だけが異なるテストケースを1つの汎用的なテストスクリプトで共用するテストアプローチです。メリットは以下の通りです。

　テストケースが効率的に作成できる
　テスト担当者全員がスクリプト言語を習得する必要がなくなる
　スクリプト言語を知らないテスト担当者でもテストデータを作成できる

- キーワード駆動によるテストアプローチ（Keyword-Driven Testing Approach）

キーワード駆動によるテストアプローチは、テストスクリプトの動作とテストデータを決定するキーワードをスクリプトと分離します。そうすることにより、データ駆動によるテストアプローチの入力値と期待結果だけでなく、スクリプトのフローまで含む汎用的なテストスクリプトで共用ができるテストアプローチです。キーワードは、アクションワードとも呼ぶことがあります。メリットはデータ駆動によるテストアプローチと同様です。

● テストマネジメントツールの特別な考慮点　【問題6-16】

テストのステークホルダーはエンジニアとは限らないので、テストマネジメントの専用ツールを使ってもらうための教育やライセンスにコストをかけるよりも、ステークホルダーが普段から使い慣れた環境に連携させる方がステークホルダー、テストマネジメント側の双方にとって良いことがあります。例えばグループウェア、メール、チャット、ネットミーティング、スケジュール、スプレッドシート、ワープロ、ストレージ、バージョン管理などが統合された“ユニファイドコミュニケーションツール”と連携できれば、テストレポートの配布、ミーティングのスケジューリング、オンラインミーティングなどステークホルダーとの作業はいつも通りの環境で効率的にできます。

JSTQBのシラバスでは、テストマネジメントツールが他のツールやスプレッドシートとのインターフェースが必要である理由として以下を挙げています。

- 組織が必要とするフォーマットで利用できる情報を作成する
- 要件マネジメントツールで要件に対する一貫したトレーサビリティを維持する
- 構成管理ツールでテスト対象のバージョン情報と同期する

ツールの効果的な使い方　シラバス6.2

ツールの導入を成功させて効果的に活用するには、ツール選択の基本原則に沿って選定後、コンセプトの証明（POC、Proof-Of-Concept）を実施し、パイロットプロジェクトでの試用を経て、段階的に部署に展開し、利用者に対して十分なトレーニングやサポート、利用ガイドの策定、利用状況のモニタリング等が必要です。

● ツールを選択する際の基本原則　【問題6-17】

JSTQBのシラバスがツールを選択する際の基本原則として挙げているのは以下です。

- *組織の成熟度、長所と短所を評価する。*
- *ツールを活用するためにテストプロセスを改善する機会を識別する。*
- *テスト対象で使用する技術を理解して、その技術と互換性のあるツールを選択する。*
- *組織内で既に使用しているビルドツールや継続的インテグレーションツールとの互換性と統合の可否を明らかにする。*
- *明確な要件と客観的な基準を背景にツールを評価する。*
- *無料試行期間があるかどうか（およびその期間）を確認する。*
- *ツールベンダー（トレーニングや、サポートメニュー、ビジネス的な要素も含む）、もしくは無料ツール（オープンソースツールなど）のサポートを評価する。*
- *ツールを使用するためのコーチングおよびメンタリングに関する組織内での要件を識別する。*
- *ツールに直接携わる担当者のテスト（およびテスト自動化）スキルを考慮して、トレーニングの必要性を評価する。*

- *さまざまなライセンスモデル（有料、オープンソースなど）の長所と短所を考慮する。*
- *具体的なビジネスケースに基づいて、費用対効果を見積る（必要に応じて）。*

● ツールを組織に導入するためのパイロットプロジェクト　【問題6-18】

JSTQBのシラバスがツールを組織に導入するためのパイロットプロジェクトの目的として挙げているのは以下です。

- *ツールに関する知識を深め、強みと弱みを理解する。*
- *現状のプロセスや実践しているやり方にツールをどのように適用するかを評価する。そして何を変更する必要があるかを特定する。*
- *ツールやテスト資産の標準的な使用方法、管理方法、格納方法、メンテナンス方法を決める。*

例えば、ファイルやテストケースの命名規約の決定、コーディング規約の選択、ライブラリーの作成、およびテストスイートをモジュール化した際の分割度合いの良し悪しの定義など。

- *期待する効果が妥当なコストで実現可能かどうかを見極める。*
- *ツールによって収集およびレポートをさせたいメトリクスを理解し、メトリクスを確実に記録しレポートするようにツールを設定する。*

● ツール導入の成功要因　【問題6-19】

JSTQBのシラバスがツール導入の成功要因として挙げているのは以下です。

- *ツール未使用の部署にツールを順々に展開する。*
- *ツールが適用できるよう、プロセスを調整、改善する。*
- *ツールのユーザーに対し、トレーニング、コーチング、メンタリングを行う。*
- *利用ガイドを定める（例えば、組織内の自動化標準）。*
- *ツールを実際に使用する中で得られる情報の集約方法を実装する。*
- *ツールの利用状況や効果をモニタリングする。*
- *ツールのユーザーサポートを提供する。*
- *すべてのユーザーから、得られた教訓を集める。*

6.4 要点整理

テストツールの考慮事項　シラバス6.1

- テストツールの分類：テストとテストウェアのマネジメントの支援ツール、静的テストの支援ツール、テスト設計とテスト実装の支援ツール、テスト実行と結果記録の支援ツール、性能計測と動的解析の支援ツール、特定のテストに対する支援ツールの6つに分類している。
- テストとテストウェアのマネジメントの支援ツール：テストマネジメントツール、アプリケーションライフサイクルマネジメントツール（ALM）、要件マネジメントツール、欠陥マネジメントツール、構成管理ツール、継続的インテグレーションツールが該当する。
- 静的テストの支援ツール：レビューを支援するツール、静的解析ツールが該当する。
- テスト設計とテスト実装の支援ツール：テスト設計ツール、モデルベースドテストツール、テストデータ準備ツール、受け入れテスト駆動開発（ATDD）ツール、振る舞い駆動開発（BDD）ツール、テスト駆動開発（TDD）ツールが該当する。
- テスト実行と結果記録の支援ツール：テスト実行ツール、カバレッジツール、テストハーネス、ユニットテストフレームワークツールが該当する。
- 性能計測と動的解析の支援ツール：性能テストツール、モニタリングツール、動的解析ツールが該当する。
- 特定のテストに対する支援ツール：データ品質の評価、データのコンバージョンとマイグレーション、使用性テスト、アクセシビリティテスト、ローカライゼーションテスト、セキュリティテスト、移植性テストが該当する。
- テスト実行を支援するツールを使う潜在的な利点：反復する手動作業の削減と時間の節約、一貫性や再実行性が向上、評価の客観性が向上、テストに関する情報へのアクセスの容易性が向上。
- テストを支援するツールを使う潜在的なリスク：テストツールの効果を過大に期待、テストツールを導入する際の時間／コスト／工数を過小評価、大きな効果を継続的に上げるための時間／工数を過小評価、ツールが生成するテスト資産をメンテナンスするための工数を過小評価、ツールに過剰な依存、ツールのテスト資産のバージョン管理を怠る、重要なツール間での関係性と相互運用性の問題を無視、ツールベンダーのビジネス廃業／撤退／買収、ツールベンダーのサポート／アップグレード／欠陥修正に対する対応が悪い、オープンソースプロジェクトが停止する、新しいプラットフォームや新技術をサポートできない、ツールに対する当事者意識が明確でない。

- テスト実行ツールの特別な考慮点：ツールで大きな効果を出すには、大量の工数が必要となることが多い。
- キャプチャ／プレイバックツールの特別な考慮点：操作をキャプチャして生成されたスクリプトの拡張性がないものや予期しない結果に対応できるものとできないものがある。
- データ駆動によるテストアプローチの特別な考慮点：入力値と期待結果をスプレッドシートに記述してスクリプトと分離するアプローチ。テストケースが効率的に作成できる、テスト担当者全員がスクリプト言語を習得する必要がなくなる、スクリプト言語を知らないテスト担当者でもテストデータを作成できるといったメリットがある。
- キーワード駆動によるテストアプローチの特別な考慮点：テストスクリプトの動作とテストデータを決定するキーワードをスクリプトと分離するアプローチ。
- テストマネジメントツールの特別な考慮点：テストマネジメントツールが他のツールやスプレッドシートとのインターフェースが必要である。

ツールの効果的な使い方　シラバス6.2

- ツールの導入を成功させて効果的に活用するには、ツール選択の基本原則に沿って選定後、コンセプトの証明（PoC、Proof-of-Concept）を実施し、パイロットプロジェクトでの試用を経て、段階的に部署に展開し、利用者に対して十分なトレーニングやサポート、利用ガイドの策定、利用状況のモニタリング等が必要。

第 7 章

練習問題

第1章から第6章までを網羅した練習問題です。各章の問題数は、JSTQBのシラバスに記載されている章ごとの学習時間を基にしています。本章の問題は知識の基礎固めを目指し、実際の試験で出題されるK2レベルやK3レベルで求められる複数選択や読解力を必要とする問題よりもやさしくなっています。

7.1 問題

※解答は251ページ

問題7-1

FL-1.1.1 K1

テストの目的ではないものは？

- □ (1) 要件やコードなどの作業成果物を評価する
- □ (2) すべての要件を満たしていることを検証する
- □ (3) 期待通りの動作内容であることの妥当性確認をする
- □ (4) 故障の基となる欠陥を見つける

問題7-2

FL-1.2.3 K2

ソフトウェアの欠陥の原因についての説明として適切なのは？

- □ (1) 人間はエラーを起こす。エラーがコード、ソフトウェア、ドキュメントの欠陥となる。コードの欠陥が実行されると故障が起きる。
- □ (2) 人間はエラーを起こす。エラーがコード、ソフトウェア、ドキュメントの欠陥となる。コードの欠陥が実行されると誤りが起きる。
- □ (3) 人間は故障を起こす。故障がコード、ソフトウェア、ドキュメントのバグとなる。コードのバグが実行されると誤りが起きる。
- □ (4) 人間は誤りを起こす。誤りがコード、ソフトウェア、ドキュメントの故障となる。コードの故障が実行されるとインシデントが起きる。

問題7-3

FL-1.2.4 K2

次の例で欠陥の根本原因と影響は？

「プロダクトオーナーの知識不足で誤った要件が伝えられた。その要件から誤ったコードとして欠陥がソフトウェアに埋め込まれた。欠陥は計算誤りなどの故障として顕在化しユーザーの不満となった。」

☐ (1) 根本原因は誤った要件、影響は誤ったコード
☐ (2) 根本原因はプロダクトオーナーの知識不足、影響は計算誤りなどの故障
☐ (3) 根本原因はプロダクトオーナーの知識不足、影響はユーザーの不満
☐ (4) 根本原因はレビューやテスト不足、影響は計算誤りなどの故障

問題7-4

FL-1.4.2 K2

テストプロセスのテスト計画で行われる活動は？

☐ (1) メトリクスを使用して、テスト計画書の内容と実際の進捗を継続的に比較する
☐ (2) フィードバックに応じてテスト計画を更新する
☐ (3) 実行結果と期待結果を比較する
☐ (4) テストサマリーレポートを作成して、ステークホルダーに提出する

問題7-5

FL-1.4.2 K2

テストプロセスのテスト設計で行われる活動は？

☐ (1) テストレベルごとに適切なテストベースを分析する
☐ (2) テストケースを設計し、優先度を割り当てる
☐ (3) テスト手順や自動化のテストスクリプトを開発して優先度を割り当てる
☐ (4) テストアイテム、テストツール、テストウェアのIDとバージョンを記録する

問題7-6

FL-1.4.2 K2

テスト実装の作業成果物またはその内容として最も適切なのは？

- □ (1) 優先順位を付けたテスト条件
- □ (2) テスト条件を実行するためのテストケースとテストケースのセット
- □ (3) テスト手順とそれらの順序付け
- □ (4) テストケースまたはテスト手順のステータスに関するドキュメント

問題7-7

FL-1.4.4 K2

テストベースとテストの作業成果物との間のトレーサビリティの維持が役立つ例として最も関係しないものは？

- □ (1) ITガバナンス基準を満たすこと
- □ (2) テストレポートの理解のしやすさを向上すること
- □ (3) テストの技術的な側面をステークホルダーにわかりやすく説明すること
- □ (4) バグをゼロにすること

問題7-8

FL-2.1.1 K2

シーケンシャル開発モデルの説明として最も適切なのは？

- □ (1) ソフトウェアのフィーチャーが徐々に増加していく
- □ (2) 以前のイテレーションで開発したフィーチャーの変更を含める場合がある
- □ (3) 各イテレーションでは、動作するソフトウェアが提供される
- □ (4) フィーチャーが完全に揃ったソフトウェアを提供する

問題7-9

FL-2.1.1 K2

インクリメンタル開発モデルの説明として最も適切なのは？

□ (1) ソフトウェアのフィーチャーが徐々に増加していく
□ (2) 以前のイテレーションで開発したフィーチャーの変更を含める場合がある
□ (3) 各イテレーションでは、動作するソフトウェアが提供される
□ (4) フィーチャーが完全に揃ったソフトウェアを提供する

問題7-10

FL-2.1.1 K2

イテレーティブ開発モデルの説明として最も適切なのは？

□ (1) ソフトウェアのフィーチャーが徐々に増加していく
□ (2) 以前のイテレーションで開発したフィーチャーの変更を含める場合がある
□ (3) 典型的にはステークホルダーやユーザーが利用できるまでには数か月から数年を要する
□ (4) フィーチャーが完全に揃ったソフトウェアを提供する

問題7-11

FL-2.2.1 K2

コンポーネントテストの目的に合致するテストベースとテスト対象の組み合わせとして最も適切なものは？

□ (1) データモデルとデータベースモジュール
□ (2) ユースケースとインターフェース
□ (3) システムマニュアルおよびユーザーマニュアルとハードウェア/ソフトウェアシステム

□ (4) 規制、法的契約、標準と災害復旧手順

問題7-12

FL-3.1.2 K2

静的テストよりも動的テストが検出できる欠陥の例は？

□ (1) コーディング標準を遵守していないなど標準からの逸脱
□ (2) 呼び出し側のシステムと呼び出される側のシステムで異なる正しくないインターフェース仕様
□ (3) 受け入れ基準に対するテストケースの欠落
□ (4) 仕様以上のメモリの使用

問題7-13

FL-3.2.1 K2

レビュープロセスの懸念事項の共有と分析で行う活動は？

□ (1) レビューの工数と時間を見積る
□ (2) レビューの範囲、目的、プロセス、役割、作業成果物を参加者に説明する
□ (3) 潜在的な欠陥、提案、質問を書き出す
□ (4) 潜在的な欠陥を分析し、それらにオーナーとステータスを割り当てる

問題7-14

FL-3.2.2 K1

形式的レビューでのファシリテーターの責務として適切なものは？

□ (1) レビュー対象の作業成果物の必要な欠陥を修正する
□ (2) レビューの実行を決定する

□ (3) 必要なさまざまな意見の調整を行う

□ (4) レビュー対象の作業成果物の欠陥を識別する

問題7-15

FL-3.2.3 K2

次の目的はどのレビュータイプか？
「潜在的な欠陥の検出、作業成果物の品質の評価と信頼の積み上げ、作成者の学習と根本原因分析による将来の類似欠陥の防止」

□ (1) インスペクション

□ (2) 非形式的レビュー

□ (3) ウォークスルー

□ (4) テクニカルレビュー

問題7-16

FL-3.2.5 K2

レビューの成功要因として適切ではないものは？

□ (1) レビュー結果を参加者の評価に使用する

□ (2) レビューの目的に適切な人たちに参加してもらう

□ (3) 見つかった欠陥は客観的な態度で確認、識別、対処をする

□ (4) 集中力を維持できるよう、レビューは対象を小さく分割して実施する

問題7-17

FL-4.1.1 K2

ホワイトボックステスト技法の説明として適切なものは？

□ (1) テスト対象の入力や出力の仕様に着目し、その内部構造は参照しない

□ (2) テスト対象の中の構造と処理に重点を置く
□ (3) 過去の故障などテスト担当者の経験を駆使する
□ (4) 構造ベースの技法と呼ぶこともある

問題7-18

FL-4.2.1 K3

「購入金額1000円未満は値引きなし、1000円から5000円未満は5%オフ、5000円から10000円未満は10%オフ、10000万円以上は20%オフのキャンペーン機能がレジに組み込まれた。購入金額は5桁まで入力できる。」
同値分割法を適用すると、この機能のパーティションは無効同値パーティションも含めるといくつあるか？

□ (1) 3
□ (2) 4
□ (3) 6
□ (4) 7

問題7-19

FL-4.2.2 K3

「購入金額1000円未満は値引きなし、1000円から5000円未満は5%オフ、5000円から10000円未満は10%オフ、10000万円以上は20%オフのキャンペーン機能がレジに組み込まれた。購入金額は5桁まで入力できる。」
境界値分析を適用すると、この機能の境界値はいくつあるか？

□ (1) 3
□ (2) 4
□ (3) 6
□ (4) 8

問題7-20

FL-4.2.3 K3

「バナー広告システムで、顧客属性に応じて広告内容が決まる。顧客属性は5種類でそれぞれ真と偽の値を取り、すべての組み合わせに対して対応する広告（アクション）がある。」
デシジョンテーブルテストを適用すると、デシジョンテーブルの列の数は最大いくつになるか？

□ (1) 5
□ (2) 10
□ (3) 32
□ (4) 64

問題7-21

FL-4.2.4 K3

「コンビニのセルフレジは、商品のバーコードをスキャンすると商品名と価格を表示して次のスキャンを待つ。会計ボタンが押されると電子マネーなどの支払いを待つ。もし売り上げに戻るが選択されると再びスキャンを待つ。電子マネーで支払いが完了すると、次の客を待つ。スキャンや支払いを待つ間に中止が選択されると、それまでのスキャンを破棄して、次の客を待つ。」
状態遷移テストを適用する場合、テストする状態遷移は最大いくつになるか？

□ (1) 3
□ (2) 6
□ (3) 8
□ (4) 9

問題7-22

FL-4.2.5 K2

「商品購入のユースケースには10行の基本フロー、3行の代替フローが1つ、2行の例外フローが1つ、4行のエラー処理が1つある。」
ユースケーステストを適用する場合、100%網羅するテストケースは最低いくつになるか？

- □ (1) 4
- □ (2) 5
- □ (3) 18
- □ (4) 22

問題7-23

FL-4.3.2 K2

「コンポーネントには100ステップのステートメントがあり、CASEステートメントが5つ含まれる。」
テストの状況がデシジョンカバレッジ50%の場合、次のどれが最も近い状況か？

- □ (1) 50ステップのステートメントが実行された
- □ (2) 100ステップのステートメントが実行された
- □ (3) 3つのCASEステートメントが実行された
- □ (4) 5つのCASEステートメントが実行された

問題7-24

FL-4.4.1 K2

エラー推測の説明で適切なのは？

- □ (1) この技法に対する系統的アプローチは、起こりえる誤り、欠陥、故障のリストを作り、それらを検出するテストケースを設計する

- □ (2) 仕様が不十分であったり、テストのスケジュールに余裕がなかったりする場合に最も効果が大きい
- □ (3) 経験、ユーザーにとって何が重要であるかという知識、ソフトウェアが不合格となる理由と仕組みについての理解に基づいてチェックリストを作成する
- □ (4) アーキテクチャー、詳細設計、内部構造、テスト対象のコードの分析に基づく

問題7-25

FL-4.4.2 K2

探索的テストの説明で適切なのは？

- □ (1) この技法に対する系統的アプローチは、起こりえる誤り、欠陥、故障のリストを作り、それらを検出するテストケースを設計する
- □ (2) 仕様が不十分であったり、テストのスケジュールに余裕がなかったりする場合に最も効果が大きい
- □ (3) 経験、ユーザーにとって何が重要であるかという知識、ソフトウェアが不合格となる理由と仕組みについての理解に基づいてチェックリストを作成する
- □ (4) アーキテクチャー、詳細設計、内部構造、テスト対象のコードの分析に基づく

問題7-26

FL-4.2.2 K2

セッションベースドテストの説明で適切ではないのは？

- □ (1) 探索的テストをあらかじめ決められた時間枠内で行う
- □ (2) テスト目的を含むテストチャーターに従ってテスト実行をする
- □ (3) テストセッションシートを使用して、実行した手順や発見した事象を文書化する場合がある

□ (4) 新しいチェックリストの作成、もしくは既存のチェックリストの拡張をテスト分析の一環として行う

問題7-27

FL-4.1.1 K2

次のうちブラックボックステスト技法は？

□ (1) エラー推測
□ (2) 同値分割
□ (3) チェックリストベースドテスト
□ (4) デシジョンテスト

問題7-28

FL-4.1.1 K2

次のうちホワイトボックステスト技法は？

□ (1) デシジョンテーブルテスト
□ (2) 状態遷移テスト
□ (3) ステートメントテスト
□ (4) ユースケーステスト

問題7-29

FL-4.1.1 K2

次のうち経験ベースのテスト技法は？

□ (1) エラー推測
□ (2) 同値分割
□ (3) 境界値分析
□ (4) デシジョンテーブルテスト

問題7-30

FL-5.1.1 K2

独立したテストの説明で適切ではないのは？

- □ (1) 設計や実装での仮定について、検証や確認を行うことができる
- □ (2) ボトルネックとして見なされたり、リリース遅延の責任を問われたりすることがある
- □ (3) 独立したテスト担当者にテスト対象の情報など重要な情報が伝わりやすくなる
- □ (4) テストの独立性の実装は、ソフトウェア開発ライフサイクルモデルによって異なる

問題7-31

FL-5.1.2 K1

テスト担当者の典型的なタスクの例は？

- □ (1) テスト側の考え方を、統合計画のような他のプロジェクト活動と共有する
- □ (2) テスト進捗とテスト結果をモニタリングし、終了基準のステータスを確認する
- □ (3) 収集した情報に基づいて、テスト進捗レポートとテストサマリーレポートを準備し配布する
- □ (4) テストデータの作成や入手をする

問題7-32

FL-5.1.2 K1

テストマネージャーの典型的なタスクの例は？

- □ (1) 詳細なテスト実行スケジュールを作成する
- □ (2) テスト結果や進捗に基づいて計画を修正し、必要な対策を講じる

□ (3) テストケースを実行し、結果を評価して、期待結果からの逸脱を文書化する
□ (4) 適切なツールを使用して、テストプロセスを円滑にする

問題7-33

FL-5.2.1 K2

テスト計画書の記載内容として最も適切ではないものは？

□ (1) テストに必要なタスク
□ (2) 必要な人的リソースやその他のリソース
□ (3) テスト分析、設計、実装、実行、評価のスケジュール
□ (4) テストサマリー

問題7-34

FL-5.2.4 K3

テスト実行スケジュールとして適切な順序は？

・テストケースA：優先度＝高（テストケースDに依存）
・テストケースB：優先度＝中
・テストケースC：優先度＝低
・テストケースD：優先度＝低（テストケースCに依存）

□ (1) C、D、A、B
□ (2) A、B、C、D
□ (3) A、D、C、B
□ (4) B、A、D、C

問題7-35

FL-5.2.5 K1

テスト工数に影響を与える要因として最も関係しないものは？

- □ (1) プロダクトドメインの複雑度
- □ (2) 品質特性の要件（例えば、セキュリティ、信頼性）
- □ (3) 法規制への適合性
- □ (4) プロダクトの市場

問題7-36

FL-5.3.1 K1

モニタリングとコントロールのメトリクスとして適切ではないものは？

- □ (1) 欠陥密度
- □ (2) 検出および修正した欠陥数
- □ (3) 専門家による見積り
- □ (4) テストカバレッジ

問題7-37

FL-5.5.2 K2

プロダクトリスクとして適切なのは？

- □ (1) ループ処理が正しくコーディングされていないリスク
- □ (2) 要員不足やスキル不足のリスク
- □ (3) 開発担当者やテスト担当者がテストやレビューで見つかった事項を上手くフォローアップできないリスク
- □ (4) テスト環境が予定した期限までに用意できないリスク

問題7-38

FL-5.6.1 K3

動的テストの欠陥レポートに記載する内容として必要性が最も低いものは？

- □ (1) ステークホルダーに与えるインパクトの範囲や程度（重要度）
- □ (2) 修正の緊急度/優先度
- □ (3) 欠陥レポートのステータス
- □ (4) テストカバレッジの進捗

問題7-39

FL-6.1.2 K1

テスト自動化のリスクとして最も適切ではないものは？

- □ (1) 計算結果が状況によって正しくないリスク
- □ (2) ツールが生成したテスト資産のメンテナンスに必要な工数を過小評価するリスク
- □ (3) ツールに過剰な依存をするリスク
- □ (4) ツール内にあるテスト資産のバージョン管理を怠るリスク

問題7-40

FL-6.2.3 K1

組織内でテストツールの評価、実装、導入、継続的なサポートを成功させる要因として最も該当しないものは？

- □ (1) ツールを実際に使用する中で得られる情報の集約方法を実装する
- □ (2) ツールの利用状況や効果をモニタリングする
- □ (3) ツールのユーザーサポートを提供する
- □ (4) ユーザーは得られた教訓を各自で活かす

7.2 解答

問題	解答	説明
7-1	**4**	故障を引き起こしている欠陥を見つけるのはデバッグの活動です。
7-2	**1**	エラー、欠陥、故障の関係です。
7-3	**3**	欠陥の根本原因とは、欠陥を埋め込んだ最初の行為または条件のことです。
7-4	**2**	テスト計画は、テスト期間中に見直され必要に応じて更新します。
7-5	**2**	テストケースの設計をするのがテスト設計です。
7-6	**3**	テスト実装によりテスト手順やその順序が確定します。
7-7	**4**	テストの7原則で、トレーサビリティは貢献しません。
7-8	**4**	シーケンシャル開発モデルにはイテレーション（反復）がありません。
7-9	**1**	“インクリメンタル”は“徐々に増加する”という意味です。
7-10	**2**	“イテレーティブ”は“反復する”という意味です。
7-11	**1**	上からコンポーネントテスト、統合テスト、システムテスト、受け入れテストです。
7-12	**4**	メモリの使用量は、動的テストで測定することにより検出できます。
7-13	**4**	レビューミーティングなど議論し、オーナーとステータスを割り当てます。
7-14	**3**	ファシリテーターはレビューミーティングでの意見を調整します。
7-15	**1**	インスペクションは、潜在的な欠陥の検出と将来の類似欠陥を防止します。
7-16	**1**	レビュー結果を参加者の評価に使用しないことは、成功要因の1つです。
7-17	**2**	ホワイトボックステスト技法はコードなどの構造と処理に重点を置きます。
7-18	**2**	1000円未満、1000円以上5000円未満、5000円以上から10000円未満、10000円以上の4つです。
7-19	**4**	0円、999円、1000円、4999円、5000円、9999円、10000円、99999円の8つです。
7-20	**3**	5種類の属性の真と偽の組み合わせなので2の5乗＝32です。
7-21	**4**	状態から状態へ遷移する組み合わせで同じ状態への遷移も含めると3x3=9です。
7-22	**1**	振る舞いの数は基本1＋代替1＋例外1＋エラー1＝4です。
7-23	**3**	テスト対象の判定結果の実行した数を合計で割った値です。5つのCASEとデフォルトで合計6つの判定結果があり、その50パーセントは3つのCASEが実行されたか、2つのCASEとデフォルトが実行されたことになります。
7-24	**1**	エラー推測、探索的テスト、チェックリストベースドテスト、経験ベースのテスト技法の順です。
7-25	**2**	エラー推測、探索的テスト、チェックリストベースドテスト、経験ベースのテスト技法の順です。
7-26	**4**	チェックリストベースドテストの説明です。

問題	解答	説明
7-27	**2**	経験ベースのテスト技法、ブラックボックステスト技法、経験ベースのテスト技法、ホワイトボックステスト技法の順です。
7-28	**3**	ブラックボックステスト技法、ブラックボックステスト技法、ホワイトボックステスト技法、ブラックボックステスト技法の順です。
7-29	**1**	経験ベースのテスト技法、ブラックボックステスト技法、ブラックボックステスト技法、ブラックボックステスト技法の順です。
7-30	**3**	独立したテスト担当者にテスト対象の情報などの重要な情報が伝わらないことがあります。
7-31	**4**	テストマネージャーはテストプロセスを成功させることに責務があり、テストデータの準備はテスト担当者の役目です。
7-32	**2**	テストマネージャーはテストプロセスを成功させることに責務があり、必要に応じて計画を修正するなどの対策を講じます。
7-33	**4**	テストサマリーはテスト計画ではなく、活動の状況や結果です。
7-34	**1**	最も高い優先度を持つテストケースから実行するのが原則ですが、依存関係がある場合は依存しているテストケースから実行します。
7-35	**4**	市場はプロダクトに直接関係する品質特性ではありません。
7-36	**3**	専門家による見積りは、見積り技法です。
7-37	**1**	ループ処理が正しくコーディングされていないリスク以外はプロジェクトリスクです。
7-38	**4**	テストカバレッジの進捗は欠陥レポートではなくテストレポートの記載内容です。
7-39	**1**	計算結果が状況によって正しくないリスクは、プロダクトリスクです。
7-40	**4**	すべてのユーザーから得られた教訓を各自ではなく集めることが成功要因の1つです。

参考資料

参考サイト

［1］JSTQB（Japan Software Testing Qualifications Board）

URL http://www.jstqb.jp/

※日本語版のシラバスのダウンロードおよび認定試験の申し込みができます。

［2］ISTQB（International Software Testing Qualifications Board）

URL https://www.istqb.org/

※英語版のシラバスと日本語の用語集が参照できます。

［3］ISO（International Organization for Standardization）

URL https://www.iso.org/

※JSTQBのシラバスが参照している国際規格ISO/IEC 20246、ISO/IEC 25010、ISO/IEC/IEEE 29119を購入できます。

［4］日本工業標準調査会

URL https://www.jisc.go.jp/

※JISX25010など日本産業規格に採用されたISOの規格を無料で閲覧できます。

［5］日本規格協会

URL https://www.jsa.or.jp/

※JISX25010など日本産業規格に採用されたISOの規格を購入できます。

参考規格

- ISO/IEC 20246:2017, Software and systems engineering - Work product reviews
- ISO/IEC 25010:2011, Systems and software engineering - Systems and software Quality Requirements and Evaluation（SQuaRE）- System and software quality models
- ISO/IEC/IEEE 29119-3:2013, Software and systems engineering - Software testing - Part 3:Test documentation
- プロジェクトマネジメント知識体系ガイド（PMBOKガイド）第6版，Project Management Institute Inc.，2017，ISBN978-1-62825-412-9

索引

英字

V字モデル…………………… 71

ア

アドホックレビュー……… 120
アルファテスト…………… 85

イ

移植性………………… 100, 227
イテレーティブ開発モデル
…………………………… 73
インクリメンタル開発モデル
…………………………… 72
インシデントレポート…… 210
インスペクション…… 119, 131

ウ

ウォークスルー……… 118, 131
ウォーターフォールモデル
…………………………… 70
受け入れテスト…… 33, 81, 84
運用受け入れテスト……… 84

エ

影響………………………… 36
影響度分析………………… 88
エラー……………………… 35
エラー推測……………… 155

カ

開始基準………………… 185
外部品質……………… 92, 95
確証バイアス……………… 46
確認テスト………………… 87
カバレッジ…………… 40, 45
カンバン…………………… 75

キ

キーワード駆動テスト…… 230
規制による受け入れテスト
…………………………… 85
機能適合性…………… 86, 95
機能テスト………………… 85
境界値分析……………… 145

ケ

経験ベースのテスト技法
…………………… 143, 155
形式的レビュー……… 115, 131
系統的テスト戦略………… 183
契約による受け入れテスト
…………………………… 84
欠陥………………………… 35
欠陥マネジメント…… 199, 223
欠陥レポート…………… 199
検証………………………… 35

コ

構成管理………………… 193
効率性……………………… 93
互換性………………… 86, 97
故障………………………… 36
コンパチビリティ………… 97
コンポーネント統合テスト
…………………………… 79
コンポーネントテスト…… 77
根本原因…………………… 36

シ

シーケンシャル開発モデル
…………………………… 70
システム統合テスト……… 79
システムテスト…………… 80
指導ベーステスト戦略…… 184
シナリオベースドレビュー
…………………… 121, 132
市販ソフトウェア（COTS）
…………………… 88, 182
終了基準……………… 185, 207
使用性………………… 97, 226
状態遷移テスト………… 148
信頼性………………… 86, 98

ス

スクラム…………………… 74
ステートメントカバレッジ
…………………… 143, 154
ステートメントテスト…… 153
スパイラル………………… 75

セ

静的解析……………… 113, 224
静的テスト…………… 112, 224
性能効率性…………… 86, 96
性能テストツール……… 226
セキュリティ
…… 84, 86, 99, 114, 175, 226

ソ

ソフトウェア開発
ライフサイクルモデル… 77

タ

対処的テスト戦略………… 184
妥当性確認……………… 35, 93
探索的テスト……………… 155

チ

チェックリスト
ベースドテスト………… 156
チェックリスト
ベースドレビュー……… 121

テ

データ駆動テスト……… 230
テクニカルレビュー……… 119
デシジョンカバレッジ
…………………… 143, 154
デシジョンテーブルテスト
…………………………… 146
デシジョンテスト………… 154
テスト……………………… 29
テストアイテム…………… 29
テストアプローチ…… 181, 230

テストウェア……………… 32
テストオラクル…………… 32
テスト環境………… 31, 52, 207
テスト完了…………… 44, 209
テスト完了レポート… 52, 209
テスト技法…………………141
テスト計画… 40, 179, 180, 208
テスト計画書………… 52, 179
テストケース……… 30, 42, 52
テスト工数…………………187
テストコントロール………178
テストサマリーレポート…192
テスト実行… 43, 187, 225, 229
テスト実行スケジュール…187
テスト実行ツール…………229
テスト実装………………… 42
テスト自動化………………228
テスト条件………………… 29
テスト進捗レポート………192
テストスイート…………… 31
テスト設計………………… 42
テスト戦略……… 51, 181, 206
テスト対象………………29, 81
テストタイプ……………33, 85
テスト担当者………………178
テストデータ…………207, 226
テスト手順………………43, 52
テストの原則……………… 36
テストのコントロール…… 40
テストのモニタリング…… 40
テストハーネス…………… 32
テスト分析………………… 41
テストベース……………… 29
テストマネージャー…176, 177
テストマネジメントツール
……………………… 223, 230
テスト見積り………………188
テスト目的…………141, 182
テストレベル……………… 33
テストレポート………191, 192
デバッグ…………………… 34

ト

統合テスト………………… 78
同値分割法…………………144
動的テスト…………… 52, 113
独立したテスト……………175
トレーサビリティ…… 45, 178

ナ

内部品質…………………… 95

ハ

パースペクティブ
ベースドリーディング…122

ヒ

非機能テスト……………… 86
非形式的レビュー……117, 130
標準準拠テスト戦略………183
品質………………………35, 92
品質保証…………………… 35

フ

ブラックボックステスト技法
……………………… 142, 144
プロジェクトリスク…196, 206
プロセス準拠テスト戦略…183
プロダクトリスク
…………………195, 196, 206
プロトタイピング………… 75
分析的テスト戦略…………182

ヘ

ベータテスト……………… 85
変更部分のテスト………… 87

ホ

ポータビリティ……………100
保守性……………………… 99
ホワイトボックステスト
………………… 86, 142, 153
ホワイトボックステスト技法
……………………… 142, 153

マ

マインドセット…………… 46
満足性……………………… 94

メ

メンテナンステスト……… 88

モ

モデルベースドテスト戦略
……………………………182

ユ

有効性……………………… 93
ユーザー受け入れテスト… 84
ユーザービリティ………… 97
ユースケーステスト………151

ラ

ラショナル統一プロセス… 74

リ

リグレッション回避
テスト戦略………………184
リグレッションテスト
……………………… 87, 184
リスク………194, 196, 198, 206
リスク回避性……………… 94
リスクベースドテスト……198
リスクレベル………………194
利用状況網羅性…………… 95

レ

レビュー…………114, 117, 130
レビュー技法…………120, 131
レビュータイプ………117, 130
レビュープロセス……114, 129
レビューミーティングの技法
……………………………132

ロ

ロールベースドレビュー
……………………… 122, 132

■著者紹介

正木 威寛（まさき たけひろ）

プロセスコンサルタントとして、システム開発プロジェクトの開発プロセス標準化や、ユーザー企業のシステム調達プロセス標準化を手がける。理想のプロセスよりも実践できるプロセスを心がけ、現場のワークスタイルにあった標準化、現場密着型コンサルティングを行う。

●カバーデザイン　小島トシノブ（NONdesign）
●カバーイラスト　タカミヤユキコ
●本文デザイン・レイアウト　朝日メディアインターナショナル㈱
●編集　取口敏憲

■お問い合わせについて

本書に関するご質問は、本書に記載されている内容に関するもののみとさせていただきます。本書の内容と関係のないご質問につきましては、いっさいお答えできませんので、あらかじめご了承ください。また、電話でのご質問は受け付けておりませんので、本書サポートページを経由していただくか、FAX・書面にてお送りください。

<問い合わせ先>

●本書サポートページ

https://gihyo.jp/book/2020/978-4-297-11397-1

本書記載の情報の修正・訂正・補足などは当該 Web ページで行います。

● FAX・書面でのお送り先

〒 162-0846　東京都新宿区市谷左内町 21-13
株式会社技術評論社　雑誌編集部
「[改訂 3 版] 演習で学ぶソフトウェアテスト 特訓 200 問」係
FAX：03-3513-6173

なお、ご質問の際には、書名と該当ページ、返信先を明記してくださいますよう、お願いいたします。

お送りいただいたご質問には、できる限り迅速にお答えできるよう努力いたしておりますが、場合によってはお答えするまでに時間がかかることがあります。また、回答の期日をご指定なさっても、ご希望にお応えできるとは限りません。あらかじめご了承くださいますよう、お願いいたします。

[改訂 3 版] 演習で学ぶソフトウェアテスト 特訓 200 問
—— JSTQB 認定テスト技術者資格 Foundation Level 対応

2006 年 8 月25 日　初 版　第 1 刷発行
2014 年 6 月 5 日　第 2 版　第 1 刷発行
2020 年 7 月 1 日　第 3 版　第 1 刷発行

著　者　正木 威寛

発行者　片岡　巌
発行所　株式会社技術評論社
東京都新宿区市谷左内町 21-13
TEL：03-3513-6150（販売促進部）
TEL：03-3513-6177（雑誌編集部）
印刷／製本　日経印刷株式会社

定価はカバーに表示してあります。

978-4-297-11397-1 C3055

Printed in Japan